Einstern

Mathematik für Grundschulkinder

3

Themenheft 6

Größen und Messen
Längen

Raum und Form
Körperformen

Daten und Zufall

Erarbeitet von
Roland Bauer
Jutta Maurach

In Zusammenarbeit
mit der
Cornelsen Redaktion
Grundschule

Cornelsen

Einstern 3

Mathematik für Grundschulkinder
Themenheft 6

Größen und Messen
Längen

Raum und Form
Körperformen

Daten und Zufall

Erarbeitet von: Roland Bauer, Jutta Maurach
unter Beratung von: Susanne Augustin, Elke Pschibl-Brandl, Florian Strehl (Hof); Meike Erben, Claudia Wendl (Straubing); Rita Gropp, Alexandra Parzefall (Bach a. d. Donau); Andrea Koch, Ulrike Schmucker (Schrobenhausen)
Redaktion: Peter Groß, Uwe Kugenbuch, Anja Augustin
Layout und technische Umsetzung: lernsatz.de
Illustration: Yo Rühmer
Umschlaggestaltung: Ulrike Kuhr

Pflichtseiten
Wahlseiten
Handlungshinweis
besprechen mit einem Partner
besprechen in der Gruppe
besprechen in der Gruppe
Weitere Hinweise für die Lehrkraft befinden sich auf der hinteren (inneren) Umschlagseite.

Aufgaben mit unterschiedlichen Anforderungsniveaus:
1 ausrechnen, ausführen, wiedergeben
d) Teilaufgabe mit erhöhter Anforderung
1 erkennen, fortsetzen, anwenden
d) Teilaufgabe mit erhöhter Anforderung
1 Lösungswege selbst entwickeln, darstellen, begründen und übertragen
arbeiten mit dem Lerntagebuch
→ AH Seite … Hinweis auf die passende Seite im Arbeitsheft
Aufgaben, die du in deinem Heft löst

www.cornelsen.de

1. Auflage, 1. Druck 2015

Alle Drucke dieser Auflage sind inhaltlich unverändert und können im Unterricht nebeneinander verwendet werden.

Druck: PHOENIX PRINT GmbH

ISBN 978-3-06-083984-1

Bildnachweis

12.1–6 Viola Beyer
19.A Jean Vaillancourt/Coulorbox.com
19.B Songquan Deng/Shutterstock
19.C junyyeuns/Shutterstock
19.D Giancarlo Liguori/Shutterstock
19.E meunierd/Shutterstock
19.F Ralf Siemieniec/Shutterstock
27.A photobank.ch/Shutterstock
27.B elenaburn/Shutterstock
27.C Graham R Prentice/Shutterstock
27.D Irina Afonskaya/Shutterstock
27.E WifR/Shutterstock
37 Profilfoto Marek Lange, Berlin

Inhaltsverzeichnis

90 cm
Aus meinem Würfel baue ich ein Haus.
Ich baue die Schule.
Das wird ein Dach.
In diesem Heft werden wir schätzen, messen, bauen und zeichnen.
25 m

Längenangaben finden und verstehen

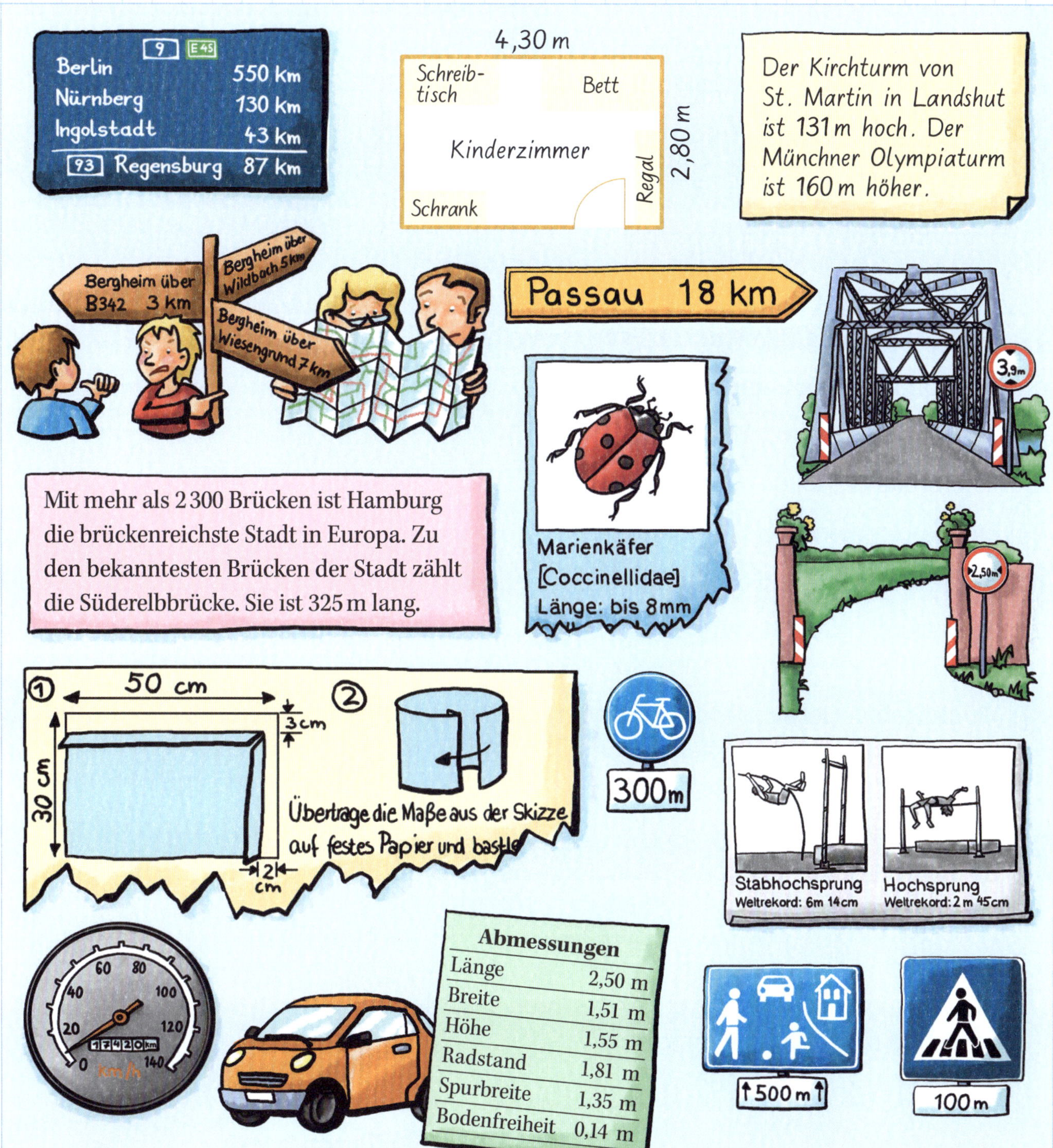

1 Besprich mit einem anderen Kind, was die Zahlenangaben und Abkürzungen bedeuten.

2 Längenangaben suchen

a) Suche in deiner Umgebung, in Zeitungen und Prospekten weitere Abbildungen mit Längenangaben.

b) Zeichne oder klebe diese Bilder in dein Heft.

Seite 5 Aufgabe 2
b) ...

Mit Körpermaßen messen

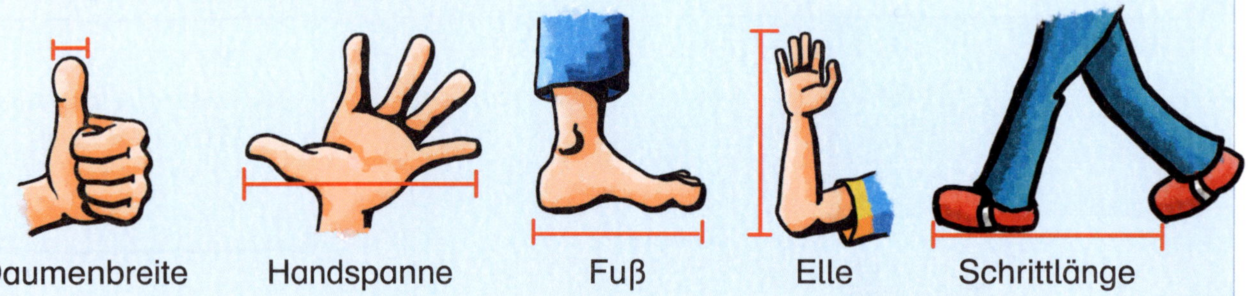

1 Miss einige Längen mit deinen Körpermaßen:

a) Tischbreite: ▢ Daumenbreiten
b) Tischlänge: ▢ Handspannen
c) Tafelbreite: ▢ Ellen
d) Klassenzimmerbreite: ▢ Fußlängen
e) Länge Schulhof: ▢ Schrittlängen
d) Schulweg: ▢ Schrittlängen

Seite 6 Aufgabe 1
a) Tischbreite: ... Daumenbreiten b) ...

2 Wähle selbst Gegenstände aus und miss deren Länge mit geeigneten Körpermaßen. Schreibe deine Ergebnisse auf.

Seite 6 Aufgabe 2
...

3 Besprich deine Ergebnisse aus Aufgabe 1 mit anderen Kindern.

a) Was stellt ihr fest?
b) Überlegt, warum vor ungefähr 140 Jahren genormte Maßeinheiten festgelegt wurden.

Die Körpermaße sind bei Menschen unterschiedlich. Eine für alle gleiche Maßeinheit ist deshalb wichtig.

Seit 1875 ist die Grundeinheit unserer Längenmaße der Meter (m). Er wird in Zentimeter (cm) und Millimeter (mm) eingeteilt.

Eintausend Meter ergeben einen Kilometer (1 km).

- messen Längen mit selbstgewählten Maßeinheiten
- stellen Vermutungen über Zusammenhänge und Auffälligkeiten an
- erklären Beziehungen und Gesetzmäßigkeiten an Beispielen und vollziehen Begründungen anderer nach

Ein Balkendiagramm bei Längenvergleichen nutzen

1 Häufig werden Längenangaben in Balkendiagrammen dargestellt.

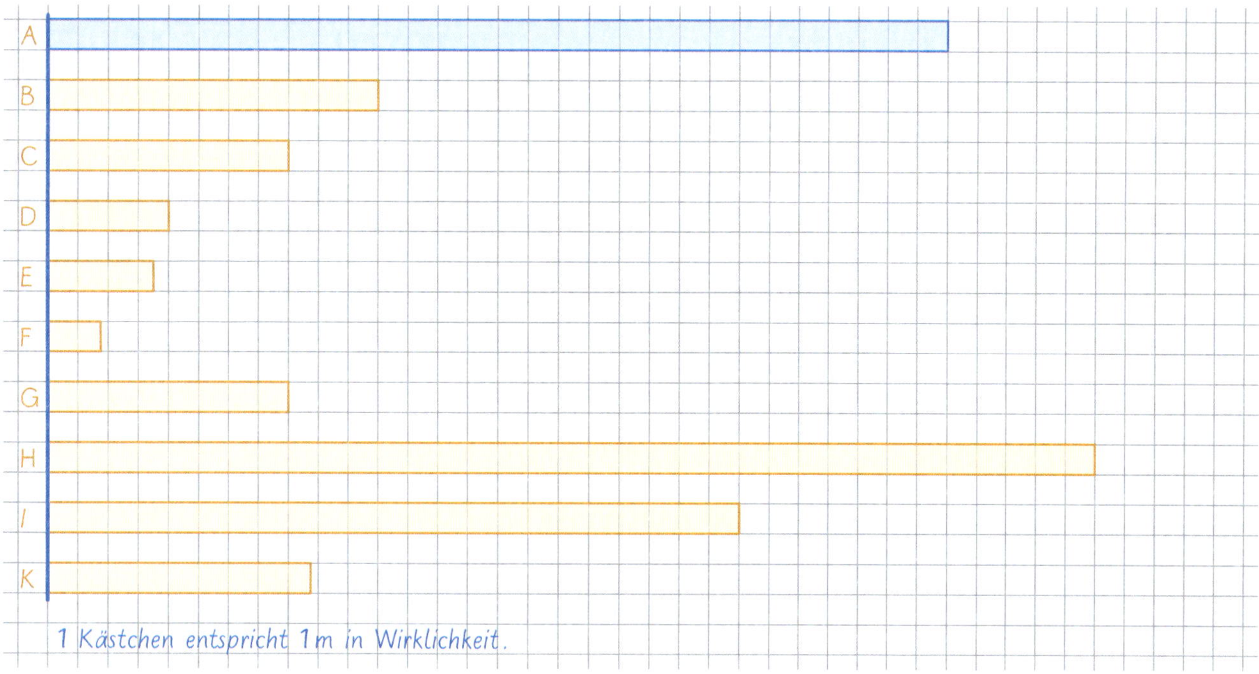

a) Lies die Längen ab und notiere die Angaben im Heft.

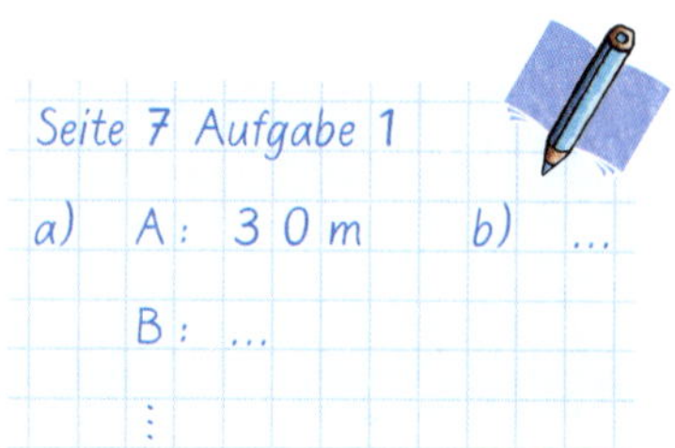

A: Länge des Brachiosaurus
B: Länge des Tyrannosaurus Rex
C: Länge des Triceratops
D: Länge eines Kleinwagens
E: Länge eines Elefanten
F: Länge eines Menschen
G: Breite eines 2-Familien-Hauses
H: Länge einer Dorfkirche
I : Länge eines Pottwals
K: Länge eines Krokodils

b) Suche Informationen zur Körperlänge oder Sprungweite von Tieren.
Liste deine gefundenen Daten auf und stelle sie in einem Diagramm dar.

Wähle eine sinnvolle Einheit (1 cm entspricht 1 m in Wirklichkeit oder 1 Kästchen entspricht 1 m in Wirklichkeit oder ...).
Stelle dein Diagramm einem anderen Kind vor.

c) Du kannst auch andere Informationen in ein Balkendiagramm übertragen.

Zum Beispiel: Höhe von Türmen und Gebäuden, Länge von Fahrzeugen, Länge/Höhe von Brücken ...

Tausche dich mit anderen Kindern über die Diagramme aus.

* entnehmen Diagrammen Daten und ziehen sie zur Beantwortung mathematischer Fragen heran
* sammeln Daten aus der Lebenswirklichkeit und stellen sie in Diagrammen dar

Die Maßeinheit Millimeter kennenlernen

Um genau zu messen, ist die Längeneinheit Zentimeter manchmal zu groß.
Man benötigt die kleinere Einheit Millimeter (mm).

10 Millimeter (mm) sind so lang wie ein Zentimeter (cm).

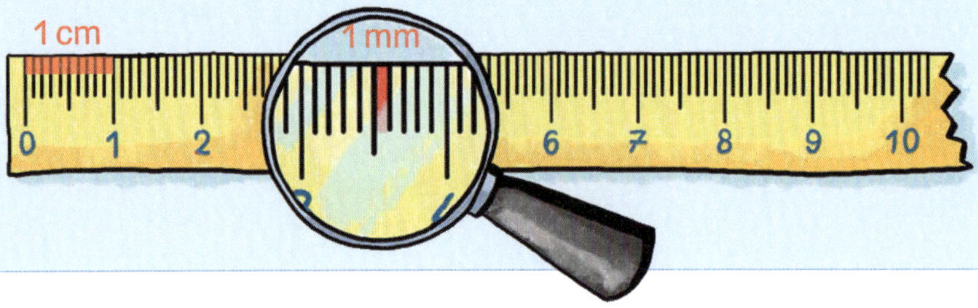

1 Die Länge von Nägeln und Schrauben wird in Millimeter gemessen.
Miss die Längen der abgebildeten Nägel und schreibe deine Ergebnisse in der Einheit „mm“ auf.

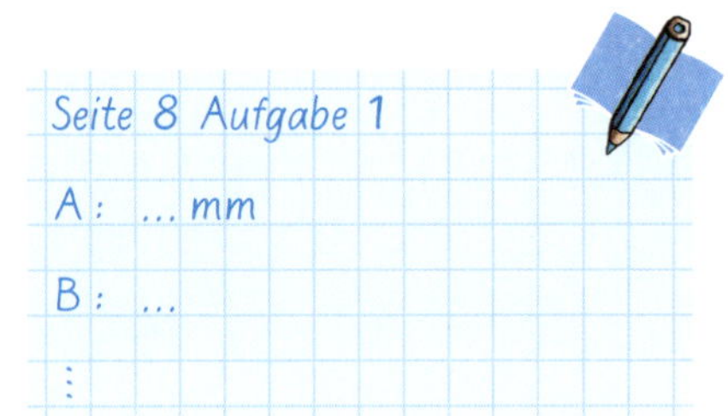

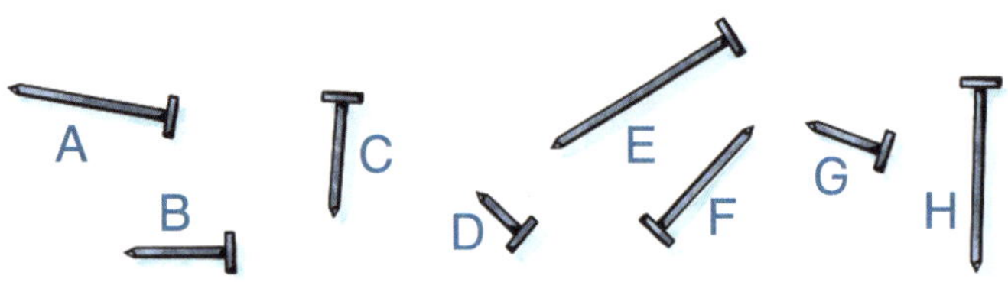

2 Miss die Körperlänge folgender in Originalgröße abgebildeter Tiere. Notiere deine Ergebnisse.

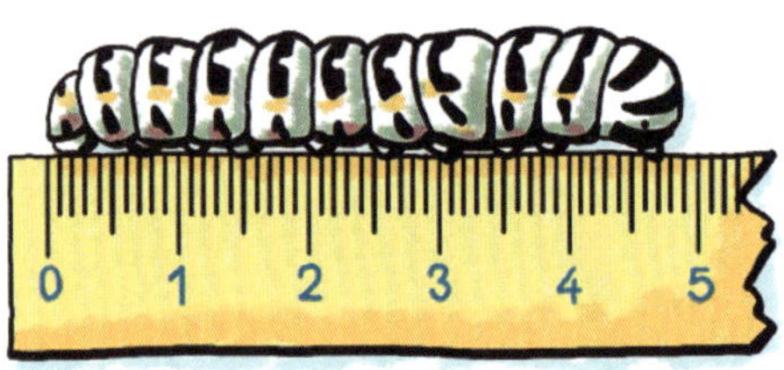

Raupe des Schwalbenschwanzes

Raupe des Kleinen Fuchses

Feldgrille

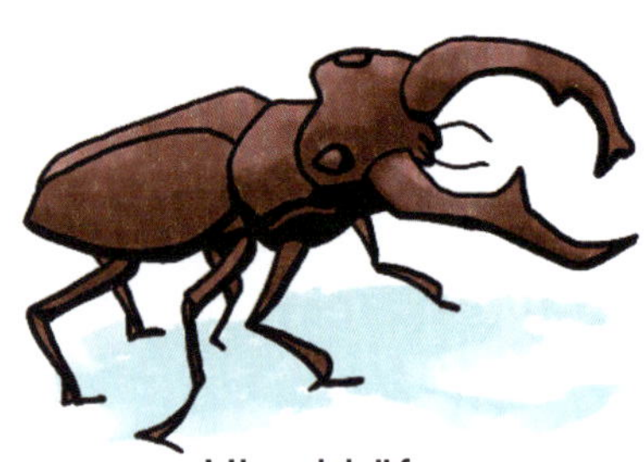
Hirschkäfer

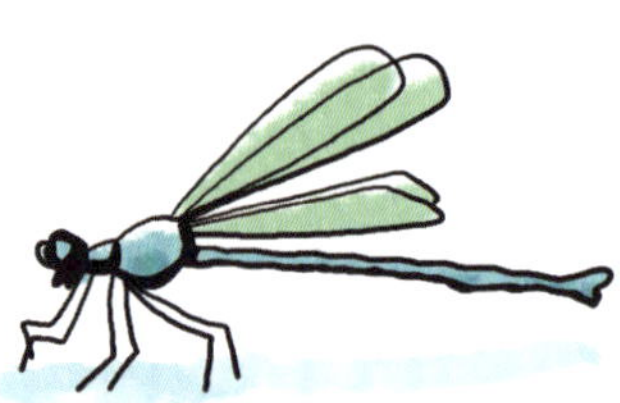
Libelle

Wespe

Waldameise

Marienkäfer

Blattlaus

Maikäfer

Tausendfüßler

⋆ messen und zeichnen Längen mit geeigneten Messgeräten
⋆ verwenden die Abkürzungen der Längeneinheiten cm und mm

In Zentimeter und Millimeter messen und zeichnen

1 Schätze zuerst die Längen der Strecken.
Miss dann mit dem Lineal genau nach.
Notiere deine Ergebnisse in einer Tabelle.

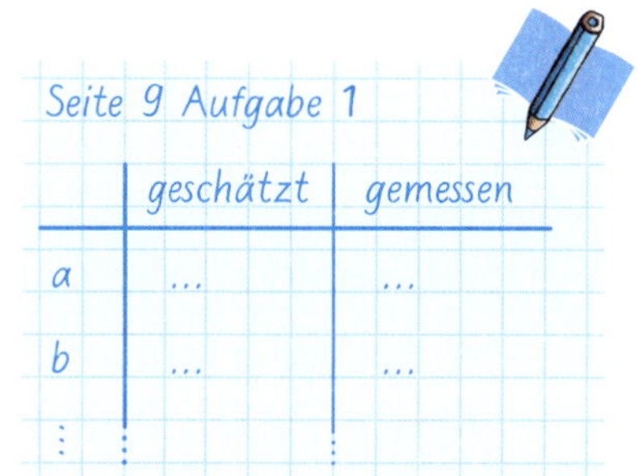

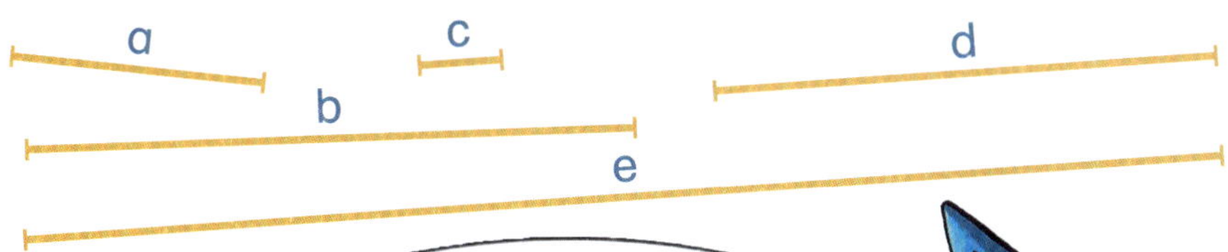

2 Miss die Längen der Nägel und zeichne die entsprechenden Strecken in dein Heft.
Gib die Länge in mm sowie in cm und mm an.

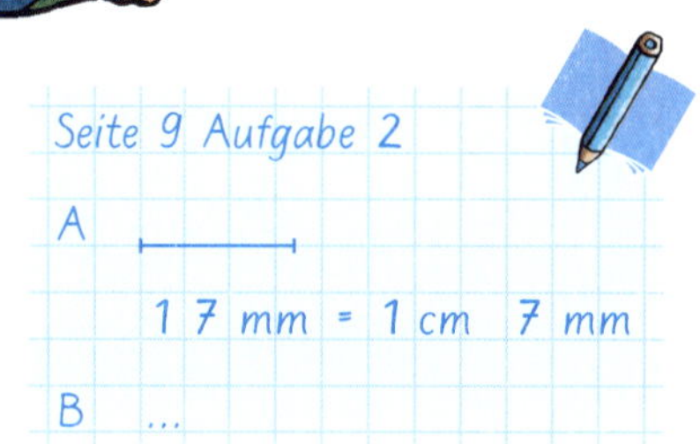

3 Übertrage die Figuren genau in dein Heft.
Miss die Seitenlängen. Schreibe deine Ergebnisse an jede der verschiedenen Strecken.

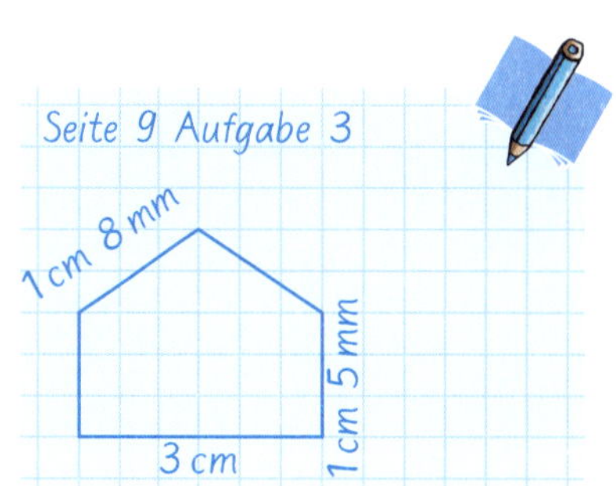

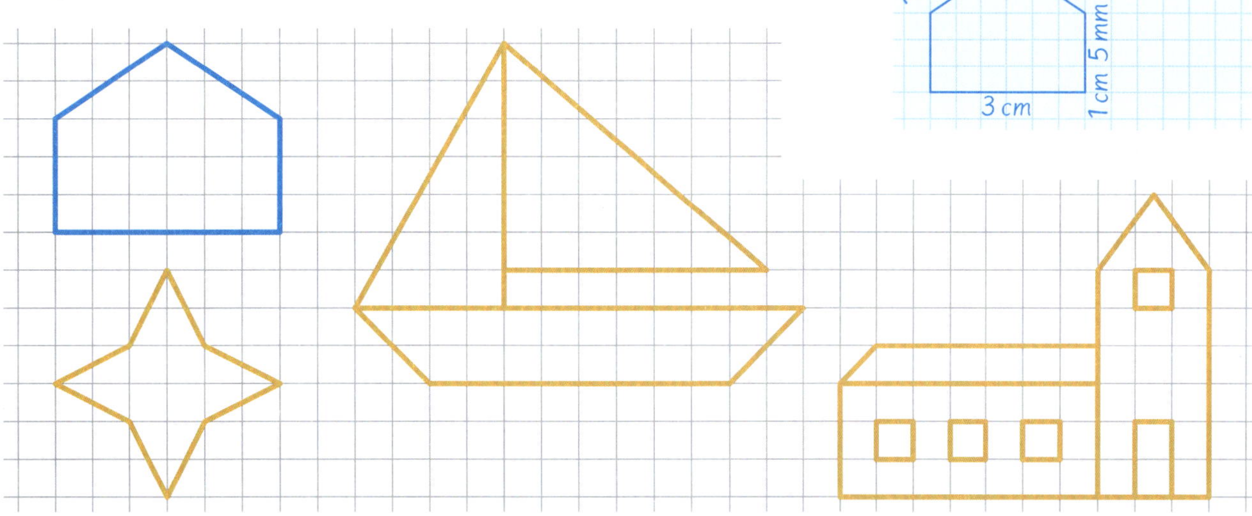

⋆ schätzen und messen Längen
⋆ zerlegen Einheiten innerhalb eines Größenbereichs und wandeln Einheiten um
⋆ übertragen vorgegebene Figuren und nutzen Gitterraster

Längen schätzen, messen und vergleichen

1 Manchmal lassen sich unsere Sinne täuschen.
Wenn sich das Auge täuschen lässt, nennt man das „optische Täuschung“.

Entscheide jeweils, ohne zu messen, welche der beiden Strecken (1) oder (2) die längere ist.
Überprüfe dann deine Vermutung durch genaues Messen mit dem Lineal.

a)

b)

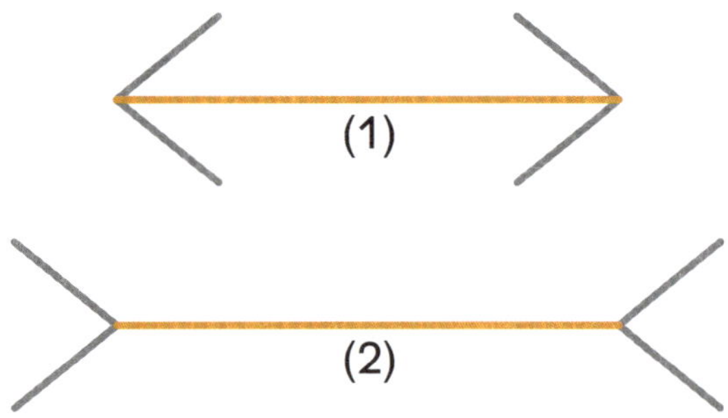

c)

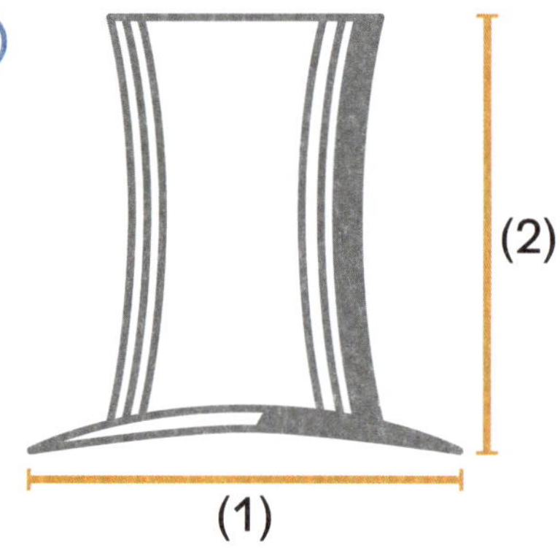

d)

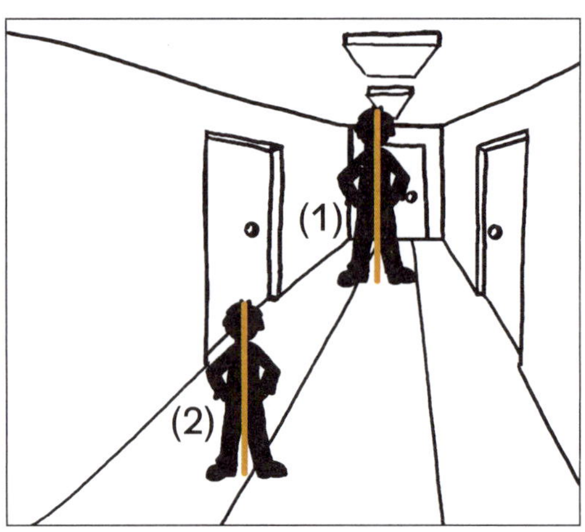

e)

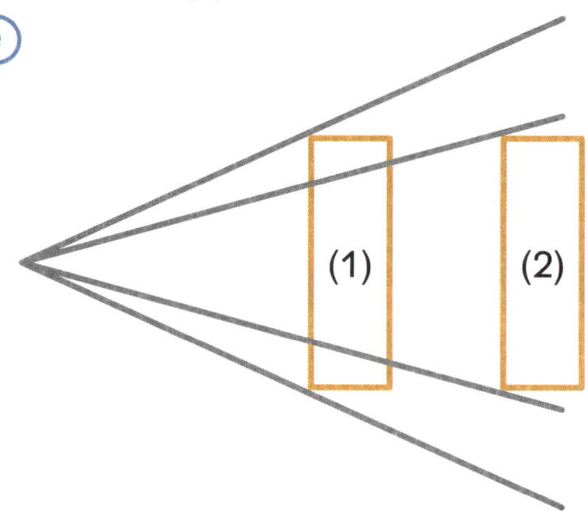

f)

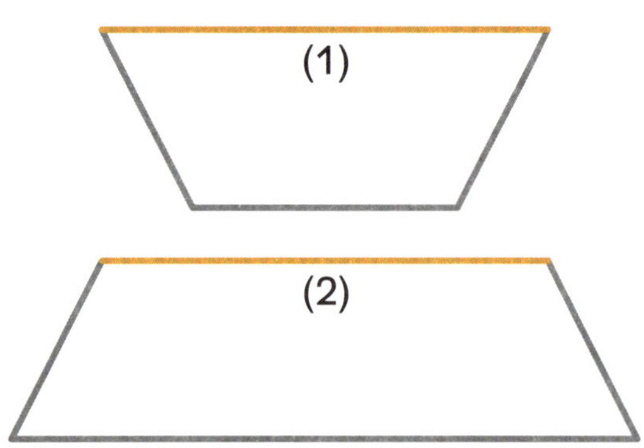

g)

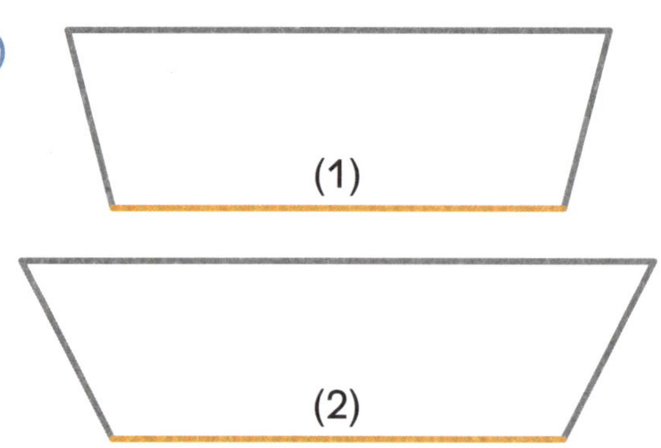

2 Besprich deine Erfahrungen mit einem anderen Kind.
Woran liegt es, dass ihr euch immer wieder getäuscht habt?

- stellen Vermutungen über Auffälligkeiten an
- messen Längen mit standardisierten Maßeinheiten
- vollziehen Begründungen anderer nach

1 Probiere, folgende Strecken ohne Lineal oder Geodreieck auf ein weißes Blatt zu zeichnen. Ein Holzstab hilft dir, gerade Linien zu zeichnen.

a) 7 cm b) 2 cm c) 8 mm
d) 10 cm e) 18 cm f) 24 cm

Kontrolliere anschließend mit dem Lineal. Schreibe die tatsächlichen Längen deiner Strecken mit einem roten Stift dazu.

2 Finde gemeinsam mit einem anderen Kind, ohne zu messen, immer jeweils zwei Gegenstände, die die folgenden Bedingungen erfüllen:

a) kürzer als 1 cm
b) genau 1 cm lang
c) zwischen 10 cm und 12 cm lang
d) zwischen 20 cm und 30 cm lang

Messt dann genau nach und schreibt eure Ergebnisse ins Heft. Habt ihr richtig geschätzt?

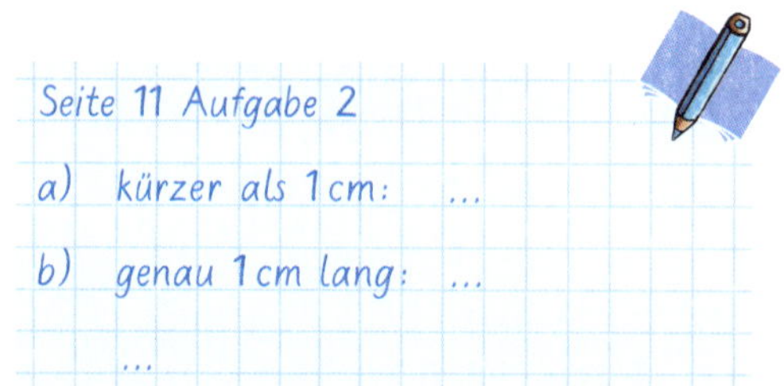

3 Das Deutsche Institut für Normung (DIN) legt seit 1922 Papierformate fest. Die bekannteste Norm für Papier ist die DIN-A-Norm.

Format	Länge	Breite
DIN A0	1 189 mm	841 mm
DIN A1	841 mm	594 mm
DIN A2	594 mm	420 mm
DIN A3	420 mm	297 mm

Format	Länge	Breite
DIN A4	297 mm	210 mm
DIN A5	210 mm	148 mm
DIN A6	148 mm	105 mm

a) Miss jeweils die Länge und Breite:

Einstern-Heft, Postkarte, großes Schulheft, kleines Heft, Zeichenblock

Trage die Messwerte in eine Tabelle ein und bestimme das DIN-Format.

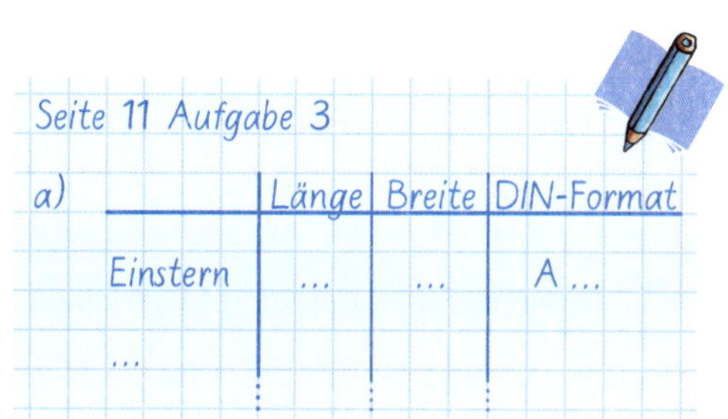

b) Vergleiche die Größen der DIN-A-Formate in der Tabelle oben. Was fällt dir auf? Besprich deine Überlegungen mit anderen Kindern.

* zeichnen vorgegebene Längen und nutzen Bezugsgrößen von vertrauten Objekten
* überprüfen durch Messen ihre Ergebnisse auf Angemessenheit
* stellen Vermutungen über mathematische Zusammenhänge an

Mit Längenangaben in Zentimeter und Millimeter rechnen

1 Damit man kleine Tiere genauer betrachten kann, werden sie in Sachbüchern oder Lexika oft vergrößert abgebildet.

Borkenkäfer
5-fach vergrößert

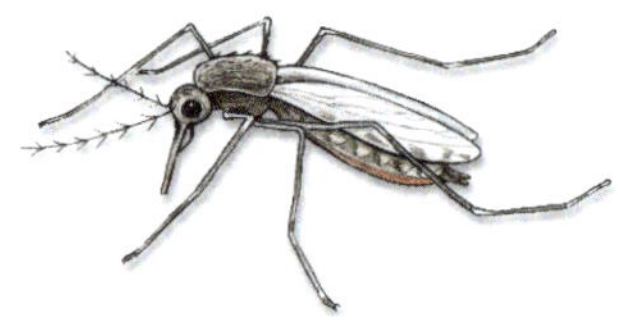
Stechmücke
5-fach vergrößert

Marienkäfer
3-fach vergrößert

Feuerkäfer
2-fach vergrößert

Biene
2-fach vergrößert

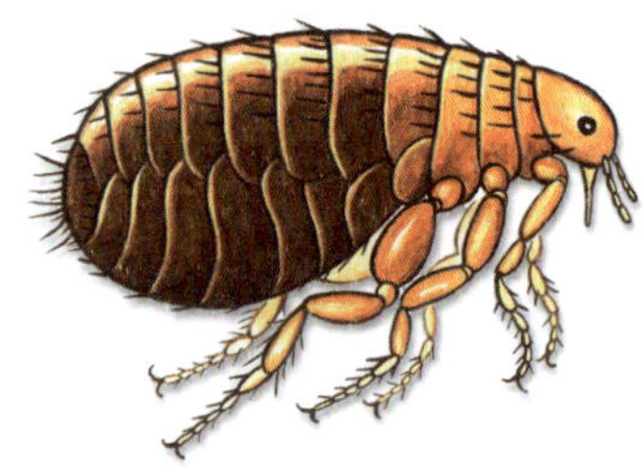
Menschenfloh
20-fach vergrößert

a) Miss die Länge der Insekten vom Kopf bis zum Körperende.

b) Berechne, wie lang diese Insekten ungefähr in Wirklichkeit sind.

Seite 12 Aufgabe 1
Feuerkäfer: Zeichnung: 3 6 mm
in Wirklichkeit: etwa 1 8 mm
⋮

2 So viel wachsen Nägel und Haare ungefähr in einem Monat:

Kopfhaare: 10 mm   Fingernagel: 3 mm
Augenbrauen: 5 mm   Zehennagel: 1 mm

Berechne das Haar- und Nagelwachstum für folgende Zeitabschnitte. Zeichne zu deinem Ergebnis eine Strecke in entsprechender Länge.

a) in 8 Wochen
b) in einem Vierteljahr
c) in einem halben Jahr
d) in einem Jahr

Seite 12 Aufgabe 2
Kopfhaare: a) 2 0 mm
b) ...
⋮
Augenbrauen: a) ...
⋮

* beschreiben den Zusammenhang zwischen Längen in der Realität und entsprechenden Längen in Skizzen
* rechnen mit Längenangaben
* nutzen grundlegende Vorstellungen von maßstäblichem Vergrößern und Verkleinern, um sich in der Wirklichkeit zu orientieren

Längenangaben mit Komma schreiben

1 Die Kinder erzielten beim Weitsprung folgende Ergebnisse:

	m	10 cm	1 cm
Mai-Lin	2	9	8
Patrick	2	9	5
Ole	3	1	7
Lea	3	4	4
Sofie	0	9	5

Lies die Ergebnisse in der Tabelle ab. Notiere sie auf drei verschiedene Arten.

Seite 13 Aufgabe 1
Mai-Lin:
2 m 98 cm = 2,98 m = 298 cm
⋮

Das Komma trennt m und cm.
2 m 98 cm = 2,98 m
3 m   5 cm = 3,05 m

2 Betrachte die Aussagen der Kinder und die Tabelle aus Aufgabe 1. Schreibe mit Komma, wie weit die Kinder gesprungen sind.

Seite 13 Aufgabe 2
Tim: … m
Lena: … m
⋮

3 Wandle die Längenangaben um.

a) Wandle um in cm.
1,35 m; 3 m 45 cm; 5,08 m; 0,87 m; 6 m 4 cm

b) Wandle um in m. Schreibe mit Komma.
487 cm; 92 cm; 307 cm; 6 m 37 cm; 5 cm

Seite 13 Aufgabe 3
a) 1,35 m = 135 cm
⋮
b) 487 cm = 4,87 m
⋮

⋆ zerlegen Einheiten innerhalb eines Größenbereichs, wandeln Einheiten um und notieren die Maßeinheiten mit dem im Alltag üblichen Komma
⋆ entnehmen einer Tabelle relevante Informationen

Weltrekorde in der Leichtathletik betrachten und vergleichen

Hochsprung*

Frauen					Männer				
Jahr	1932	1954	1987	…	Jahr	1912	1953	1993	…
Höhe	1,65 m	1,73 m	2,09 m	… m	Höhe	2,00 m	2,12 m	2,45 m	… m

Weitsprung*

Frauen					Männer				
Jahr	1913	1956	1988	…	Jahr	1900	1960	1991	…
Weite	5,00 m	6,35 m	7,52 m	… m	Höhe	7,50 m	8,21 m	8,95 m	… m

Kugelstoßen*

Frauen					Männer				
Jahr	1924	1956	1987	…	Jahr	1909	1950	1990	…
Weite	10,15 m	16,76 m	22,63 m	… m	Höhe	15,54 m	17,95 m	23,12 m	… m

Ergebnisse der Bundesjugendspiele 2014

	Lena	Tim	Ole	Lea	Sofie
Weitsprung	2,98 m	2,95 m	3,17 m	3,44 m	3,05 m
Hochsprung	1,35 m	1,50 m	1,42 m	1,19 m	1,05 m

1. Betrachte die Tabellen. Besprich mit einem anderen Kind, was du alles ablesen und feststellen kannst.

2. Betrachte die Weltrekordergebnisse an einem ausgelegten Maßband oder einem ausgeklappten Zollstock.

3. Vergleiche die Weltrekordergebnisse mit deinen eigenen Ergebnissen oder mit denen von Lena, Tim, Ole …

   Schreibe deine Vergleiche auf.
   Benutze dazu Formulierungen wie

   … weiter als …, … ungefähr dreimal so weit wie …,
   … weniger weit …, … höher als …, …

   Seite 14 Aufgabe 3
   …

4. Finde heraus, ob es inzwischen neue Weltrekorde gibt. Du kannst in verschiedenen Lexika oder im Internet nachschauen.

   Seite 14 Aufgabe 4
   …

*Die Angaben in der zweiten und vorletzten Spalte beziehen sich jeweils auf die ersten und letzten gemessenen Rekorde bis zum Jahr 2011.

⁎ entnehmen relevante Informationen zu Längen aus Tabellen
⁎ vergleichen und ordnen Längenangaben

Die Maßeinheit Kilometer kennenlernen

Große Entfernungen misst man in Kilometer (km).

Um 1 km zu Fuß zurückzulegen, benötigst du ungefähr 15 Minuten. Das sind etwa 2000 Kinderschritte.
Um 1 km mit dem Fahrrad zu fahren, benötigst du ungefähr vier Minuten.

1 km ist etwa 10-mal so lang wie ein Fußballfeld.
1 km ist so lang wie 40 Bahnen im Schwimmbad.

1

Beantworte folgende Fragen:

a) Wie lang ist der gesamte Wanderweg vom Parkplatz bis zur Grillhütte?

b) Wo steht folgender Wegweiser? **Aussichtsturm 6 km**

c) Auf halbem Weg zwischen Biotop und Berghotel steht eine Bank. Wie weit ist sie vom Spielplatz entfernt?

d) Welche ist die kürzeste Teilstrecke des Wanderweges?

Seite 15 Aufgabe 1
a) Der gesamte Wanderweg vom Parkplatz …
b) …

2 Schreibe weitere Fragen auf und bitte ein anderes Kind, diese mit Hilfe des Wanderplans zu beantworten.

Seite 15 Aufgabe 2
…

3 Bestimme mit etwa 2000 Schritten einen Kilometer.
Wähle dazu eine geeignete Situation aus, zum Beispiel einen Spaziergang, eine Wanderung, deinen Schulweg oder einen Aufenthalt auf dem Sportplatz.
Um die Länge eines Kilometers genau zu bestimmen, könntest du einen Meterzähler, ein langes Maßband oder den Kilometerzähler an einem Fahrrad nutzen.

4 Schätze, wie viele Schritte du insgesamt in einer Woche gehst. Mache dir Notizen und vergleiche deine Überlegungen und Ergebnisse mit denen anderer Kinder.

⋆ verwenden die Längeneinheit km und setzen sie in Bezug zu bereits bekannten Längenangaben
⋆ orientieren sich nach einem Wegeplan
⋆ entnehmen relevante Informationen einer Wanderkarte und formulieren dazu mathematische Fragesellungen

Längenangaben und Maßeinheiten passend zuordnen

1 Ordne jeweils die passende Längenangabe zu:

a) Höhe einer großen Eiche — 2 m | 20 m | 200 m
b) Länge des Fußballplatzes — 1 m | 10 m | 100 m
c) Größe eines Erwachsenen — 1,20 m | 1,80 m | 2,40 m
d) Strecke nach 8 Minuten Fahrrad fahren — 25 km | 2 km | 800 m
e) Länge deines Fußes — 10 cm | 20 cm | 40 cm
f) Höhe eines dreigeschossigen Hauses — 2 m | 5 m | 10 m
g) Länge des größten Passagierflugzeugs — 70 m | 200 m | 700 m

Seite 16 Aufgabe 1
a) 2 0 m b) …

2 Sammle Längenangaben von verschiedenen Gegenständen und gestalte Karten für ein Quiz-Spiel. Du kannst selbst Gegenstände messen, in einem Lexikon Längenangaben suchen oder hier im Buch nachschauen. Spiele zusammen mit anderen Kindern.

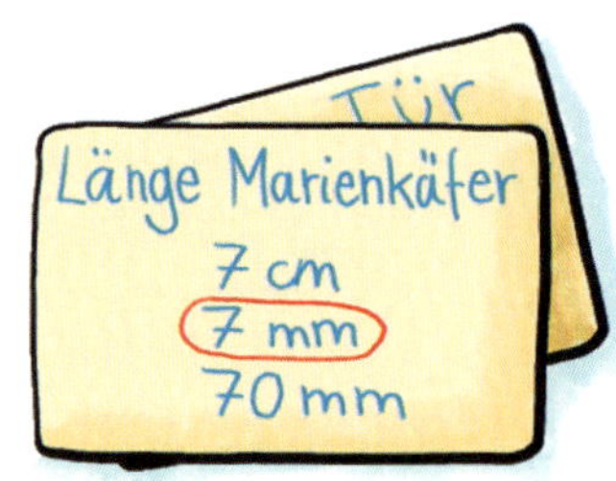

3 Setze die Maßeinheiten km, m, cm und mm passend ein.

a) Länge des Füllers: 13 ▢
b) Breite des Radiergummis: 19 ▢
c) Länge eines Streichholzes: 43 ▢
d) Länge eines DIN-A4-Blattes: 30 ▢
e) Weltrekord im Weitsprung: 8,94 ▢
f) Strecke zu Fuß in einer Stunde: 3 ▢
g) Länge einer Ameise: 4 ▢
h) Länge des Schwimmbeckens: 25 ▢
i) Meine Schrittlänge: 80 ▢
k) Strecke von München nach Hamburg: 800 ▢

Seite 16 Aufgabe 3
a) 1 3 cm b) …

4 Ordne die Beispiele folgenden Längenangaben zu:

a) 1 mm
b) 1 cm
c) 1 m
d) 100 m
e) 1 km

A Daumenbreite
B Bleistiftspitze
C Strecke in 15 Minuten zu Fuß
D Tafellineal
E 10 Papierblätter übereinander
F Stecknadelkopf
G Länge des Fußballplatzes
H 4 Bahnen im Schwimmbad
I 1 250 Schritte
K Größe eines 5-jährigen Kindes

Seite 16 Aufgabe 4
a) F, … b) …

* geben Längen von vertrauten Objekten an und nutzen sie als Bezugsgrößen
* verwenden die Abkürzungen der Längeneinheiten mm, cm, m und km passend
* erfinden Aufgaben und Fragestellungen und gestalten damit ein Spiel

Längenangaben in andere Einheiten umwandeln

1 Wandle in die angegebene Einheit um und schreibe deine Ergebnisse auf.

a) In cm: 4 m 63 cm; 2,45 m; 70 mm; 1 m 5 cm; 10 m; 235 mm

b) In m: 347 cm; 1 km; 1 m 45 cm; 825 cm; 75 cm; 1 cm

c) In mm: 3 cm 2 mm; 6 cm 3 mm; 17 cm; 2 cm; 43 cm; 8 cm 9 mm

Seite 17 Aufgabe 1
a) 4 6 3 cm; … b) …

2 Ergänze.

a) Wie viel m fehlen bis zu 1 km?
875 m; 360 m; 50,5 m; 995 m; 105 m

b) Wie viel cm fehlen bis zu 1 m?
0,20 m; 0,03 m; 32 cm; 5 cm; 0,01 m

c) Wie viel mm fehlen bis zu 1 cm?
3 mm; 8 mm; 6 mm; 5 mm; 1 mm

Seite 17 Aufgabe 2
a) 1 2 5 m; … b) …

3 Schreibe Angaben zu den gleichen Längen als Paare auf.

560 cm; 24 cm; 0,25 m; 320 mm; 32 cm; 5,60 m; 2,54 m; 1 000 cm; 25 cm; 2 540 mm; 10 m; 240 mm

Seite 17 Aufgabe 3
5 6 0 cm = 5,6 0 m
⋮

4 Rechne schriftlich oder im Kopf.

Beachte: Vor dem Rechnen musst du unterschiedliche Längeneinheiten zuerst in die gleiche Einheit umwandeln.

a) 2,20 m + 4,30 m = ▢ m
5,80 m + 3,40 m = ▢ m
7,90 m − 2,50 m = ▢ m
9,30 m − 3,80 m = ▢ m

b) 3 m 72 cm − 130 cm = ▢ m
9,94 m − 6,36 m = ▢ m
266 cm + 3,19 m = ▢ m
7,49 m + 8,13 m = ▢ m

Seite 17 Aufgabe 4
a) … b) …
⋮

5 Schreibe in dein Lerntagebuch, welche Gegenstände oder Strecken und dazu passende Längenangaben du kennengelernt und dir gemerkt hast. Verwende verschiedene Längeneinheiten.

→ AH Seite 64

★ zerlegen Längeneinheiten und wandeln sie um
★ rechnen mit Längenangaben

Im Spiel Fragen zu Längen beantworten

1 Suche dir ein oder zwei Mitspieler. Besorgt euch einen Würfel und Spielfiguren.

Spielanleitung:
Stellt alle Spielfiguren auf das Startfeld. Würfelt abwechselnd und setzt eure Spielfigur der gewürfelten Zahl entsprechend auf den Feldern weiter. Wer auf einen Buchstaben kommt, muss die dazugehörige Aufgabe lösen. Gelingt das nicht, muss man 5 Felder zurückgehen. Erfindet selbst Aufgaben für die Felder Ⓛ, Ⓜ, Ⓝ und Ⓞ. Wer zuerst das Zielfeld erreicht, hat gewonnen.

Ⓐ Sage auswendig, wie lang 6 Kästchen in deinem Heft sind.

Ⓑ Suche im Klassenzimmer einen Gegenstand von ungefähr 10 cm Länge.

Ⓒ Sage auswendig, wie hoch ungefähr die Tür im Klassenzimmer ist.

Ⓓ Nenne ein Beispiel für die Länge 1 mm.

Ⓔ Zeichne eine Strecke von 45 mm Länge.

Ⓕ Nenne die Strecke, die du als Wanderer in einer Stunde zurücklegen kannst.

Ⓖ Nenne die Strecke, die ein Fahrradfahrer ungefähr in einer Stunde zurücklegt.

Ⓗ Nenne 3 Beispiele für Körpermaße und deren ungefähre Länge in cm.

Ⓘ Miss die Länge von Einsterns Zauberstab auf dieser Seite.

Ⓚ Schreibe 2,5 cm auf zwei weitere Arten auf.

Ⓛ ?

Ⓜ ?

Ⓝ ?

Ⓞ ?

* nutzen bekannte Bezugsgrößen beim Lösen von Aufgaben
* formulieren mathematische Fragen und Aufgabenstellungen
* geben Längenangaben in unterschiedlichen Schreibweisen wieder

Unterschiede bei Höhen- und Entfernungsangaben bestimmen

1

Fernsehturm Toronto (553 m)

Empire State Building (442 m)

Taipeh 101 (508 m)

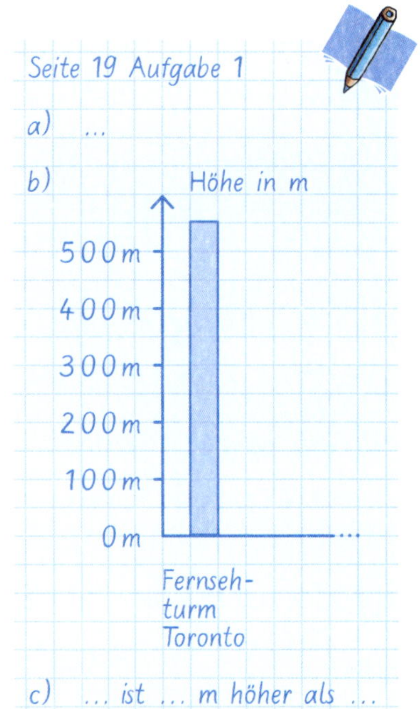

Eiffelturm Paris (300 m)

Olympiaturm München (291 m)

Fernsehturm Berlin (368 m)

a) Ordne die Gebäude der Höhe nach.

b) Stelle die Höhen der Gebäude in einem Säulendiagramm dar.
Ordne auch hier der Größe nach. Zeichne für 10 m Höhe jeweils 1 mm.

c) Vergleiche mindestens 4 Gebäude. Berechne dazu die Höhenunterschiede.

2 Jan ist mit seinem Vater zu Besuch in München. Im Hotel sind auf einer Tafel die Entfernungen umliegender Ausflugsziele angegeben:

Linderhof	159 km	Neuschwanstein	89 km
Zugspitze	80 km	Starnberger See	23 km
Wieskirche	71 km	Chiemsee	69 km

Schreibe mindestens vier Vergleiche in dein Heft.

⋆ stellen Daten zu Höhenangaben in einem Diagramm dar
⋆ vergleichen und ordnen Längen- bzw. Höhenangaben

Eine Bodensee-Radrundfahrt planen

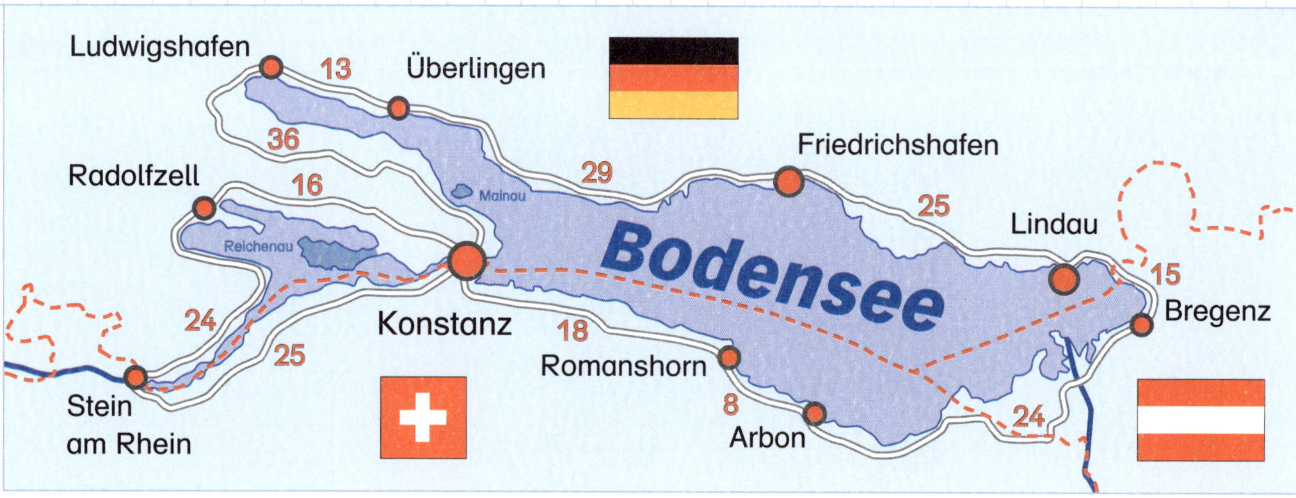

1 Jan und Anke fahren mit ihren Eltern auf dem Radwanderweg um den Bodensee. Sie wollen in Lindau starten und enden. An einem Tag wollen sie höchstens 50 km fahren.

Seite 20 Aufgabe 1
a) ... b) ...

a) Stelle für die Familie mindestens zwei „Fahrpläne“ zusammen:
einen für eine 6-Tages-Tour, einen für 7 Tage.
Schreibe so auf:

Lindau $\xrightarrow[\text{1. Tag}]{\text{47 km}}$ Romanshorn $\xrightarrow[\text{2. Tag}]{\text{... km}}$ ...

b) Vergleiche mit den Ergebnissen anderer Kinder. Nennt Gründe für eure Planung.

c) Wie lang ist der Radweg um den See?

d) Jan stellt seinen Kilometerzähler beim Start in Lindau auf 0. Er schreibt jeden Abend den Kilometerstand auf. Erstelle auch für einen deiner Radtourvorschläge eine solche Liste.

Lindau	0 km
Romanshorn	47 km
...	...

e) Im Internet, in Touristeninformationen oder Reisebüros gibt es fertige Tourenvorschläge. Vergleiche mit deiner Planung. Überlege gemeinsam mit einem anderen Kind, wo die in den Vorschlägen angegebenen Städte etwa auf der Karte liegen.

2 Überlege gemeinsam mit anderen Kindern, wie viele Stunden Anke bei der Rundfahrt auf ihrem Sattel sitzt. Begründet eure Überlegungen und schreibt sie auf.

Seite 20 Aufgabe 2
...

* nutzen selbstständig Bearbeitungshilfen wie Skizzen zur Lösung von Sachsituationen
* erweitern und verkürzen Sachsituationen, um Zusammenhänge zu erfassen und zu erklären, und beschaffen sich geeignete, noch fehlende Informationen

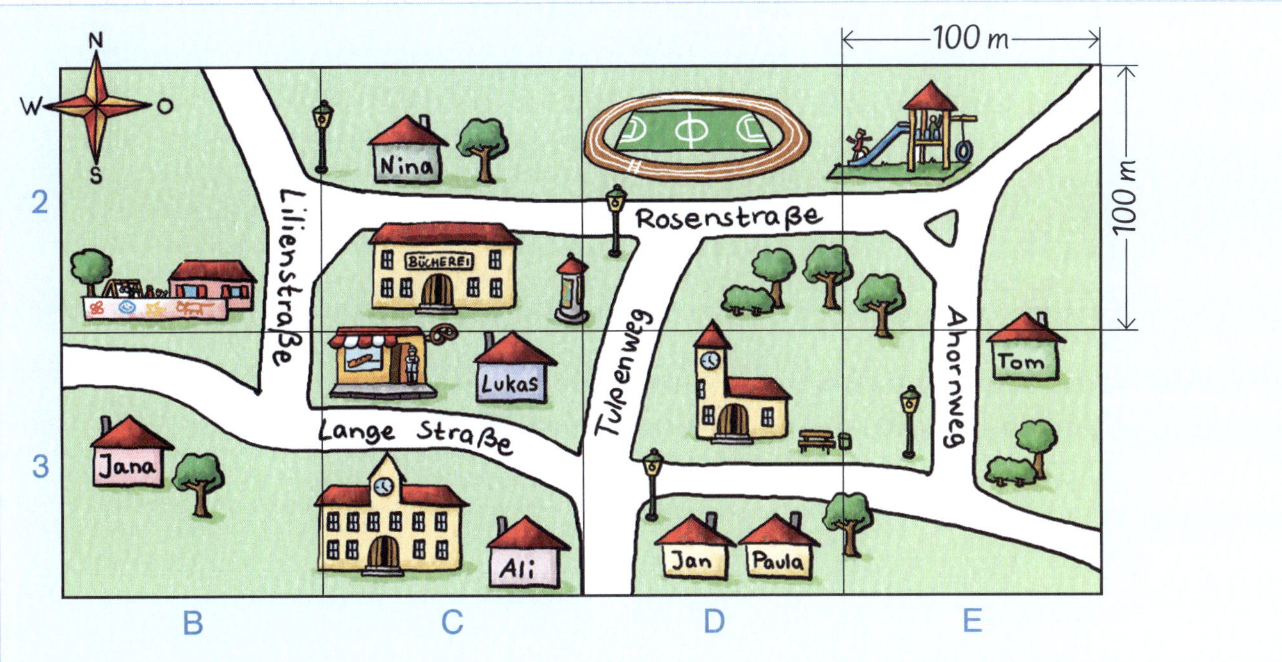

1 Hier siehst du einen Ausschnitt aus einem Ortsplan. Er ist in Planquadrate unterteilt. Die Schule findest du im Quadrat C 3.

Schreibe auf, in welchen Planquadraten du folgende Standorte findest:
Kindergarten, Spielplatz, Kirche, Sportplatz, Bücherei

Seite 21 Aufgabe 1
...

2 Beantworte folgende Fragen zusammen mit einem anderen Kind.

a) In welchen Straßen wohnen die Kinder?

b) Welche Wege (Namen der Straßen) gehen Jana, Tom und Paula? Wie weit gehen sie etwa?

Jana ⟶ Schule ⟶ Tom
Tom ⟶ Kirche ⟶ Kindergarten
Paula ⟶ Tom ⟶ Sportplatz

c) Welche Himmelsrichtungen musst du einsetzen, damit die Sätze stimmen?

Die Schule liegt im ___ der Bäckerei.
Die Kirche liegt im ___ der Bäckerei.
Der Sportplatz liegt im ___ der Kirche.
Lukas wohnt im ___ der Kirche.

d) Wer wohnt am nächsten bei der Schule?

e) Stellt euch gegenseitig weitere Fragen.

★ nutzen einen Lageplan zur Orientierung im Raum
★ entnehmen Sachsituationen Informationen und formulieren dazu mathematische Fragestellungen
★ bearbeiten komplexere Aufgabenstellungen gemeinsam und setzen eigene und fremde Standpunkte in Beziehung

1 Herr Schulz hat ein rechteckiges Grundstück. Es ist 30 m lang und 18 m breit. Er plant für das Grundstück einen neuen Zaun. Im Abstand von 6 m sollen die Pfosten dafür gesetzt werden.

Wie viel Meter Zaun muss er kaufen?
Wie viele Pfosten benötigt er?

Gehe so Schritt für Schritt vor:

1) Zeichne als Skizze die grobe Form des Grundstücks.
2) Beschrifte die Skizze mit den Längenangaben.
3) Zeichne ein, wie die Pfosten verteilt sind.
4) Zähle die Pfosten ab.
5) Ermittle anhand deiner Skizze die benötigte Zaunlänge:
   30 m + 18 m + 30 m + 18 m = ▢
   Das ist der Umfang des Grundstücks.

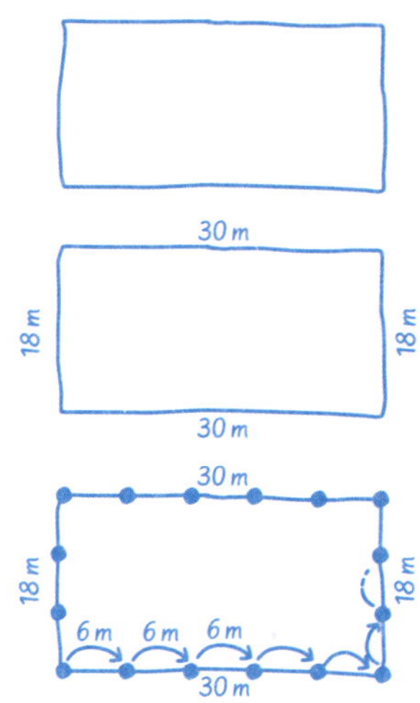

2 Löse die Aufgaben mit Hilfe von Skizzen.

a) Frau Müller pflanzt auf ihrem Grundstück Obstbäume in einer Reihe. Das Grundstück ist 36 m lang. Die Bäume sollen einen Abstand von 4 m zueinander und zum Grundstücksrand haben.

Wie viele Bäume kann sie pflanzen?

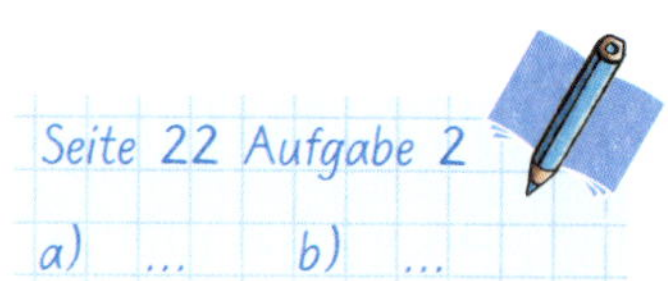

b) Tim will auf seinem 21 cm breiten Blatt eine Tabelle zeichnen. Sie soll drei gleiche Spalten haben. Links und rechts sollen zum Blattrand 3 cm Abstand bleiben.

Wie viele Striche muss er von oben nach unten zeichnen? Wie breit sind die Spalten?

* entnehmen relevante Informationen aus Texten
* entwickeln und nutzen Skizzen für das Bearbeiten mathematischer Probleme
* rechnen mit Längenangaben

1 Ordne Aufgabe, Skizze und Rechnung jeweils passend zu.

A Ole ist 1,42 m groß. Wenn Lena sich auf eine 18 cm hohe Treppenstufe stellt, ist sie genauso groß. Wie groß ist Lena?

B Sofie ist 24 cm kleiner als ihre 1,52 cm große Schwester Heike. Wie groß ist Sofie?

C Luca und sein kleiner Bruder sind zusammen so groß wie der Vater. Der Vater ist 1,87 m groß und der kleine Bruder 52 cm.

D Leon ist nur 25 cm kleiner als seine Mutter. Wenn sie einen 10 cm hohen Hut trägt, ist sie 1,78 m groß.

Seite 23 Aufgabe 1
A - F - L, ...
⋮

E
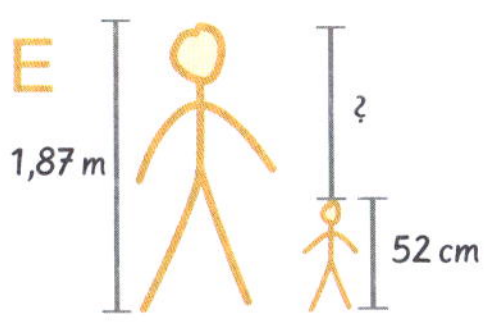

F

G
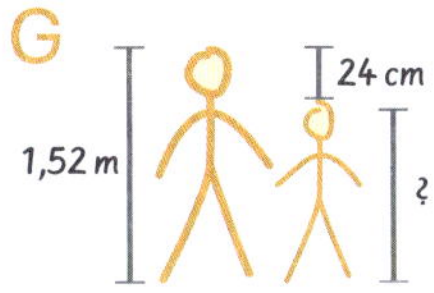

H
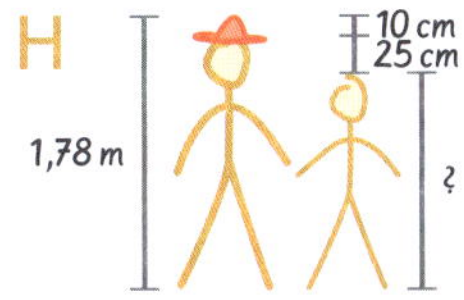

I 1,52 m – 24 cm = 1,28 m

K 1,87 m – 52 cm = 1,35 m

L 1,42 m – 18 cm = 1,24 m

M 1,78 m – 10 cm = 1,68 m
1,68 m – 25 cm = 1,43 m

2 Stelle fest, wie groß die Kinder sind. Zeichne selbst eine Skizze und schreibe eine Rechnung dazu in dein Heft.

Seite 23 Aufgabe 2
...

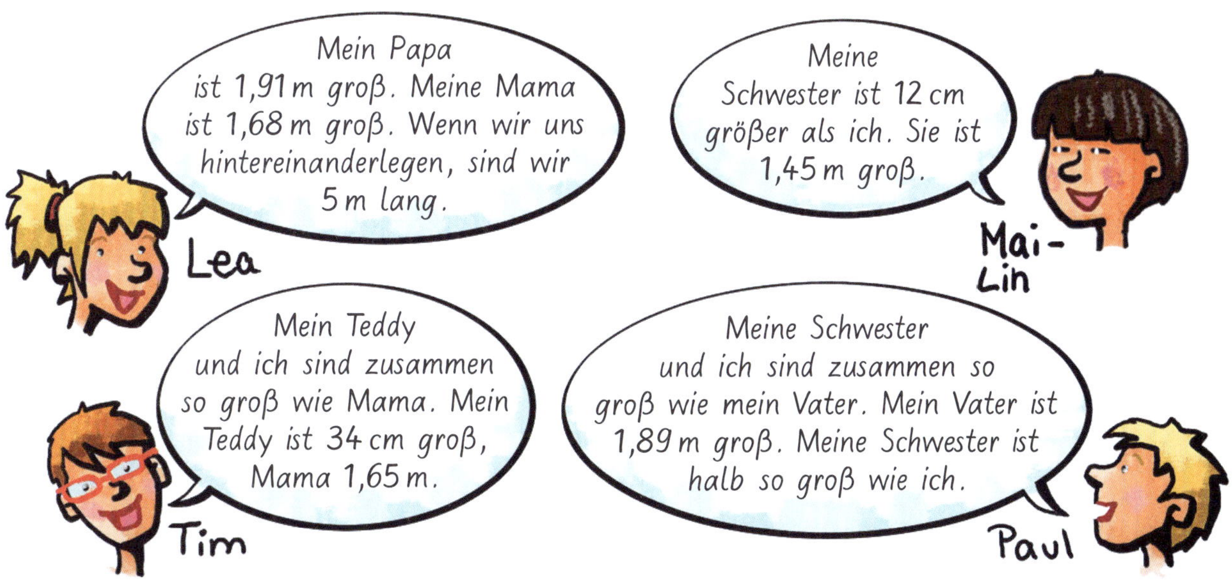

3 Finde selbst eine Aufgabe. Du kannst Zahlenangaben erfinden oder zu deiner Familie passende verwenden. Stelle die Aufgabe einem anderen Kind.

Seite 23 Aufgabe 3
...

* übertragen eine Darstellung in eine andere, wechseln zwischen den Darstellungen und erklären Beziehungen
* wenden ihre mathematischen Kenntnisse, Fähigkeiten und Fertigkeiten bei der Bearbeitung herausfordernder Aufgaben an

1

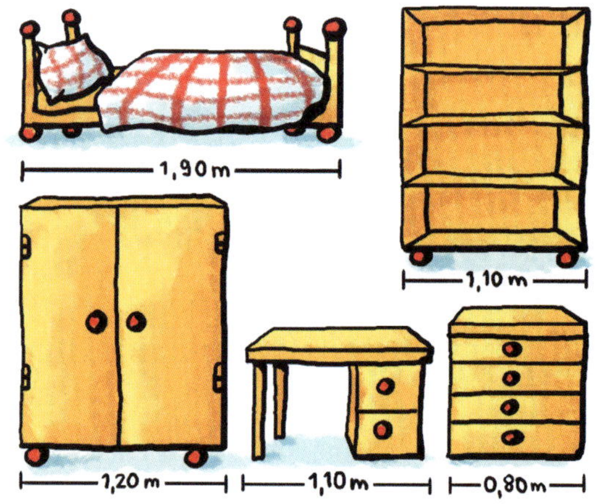

Oles Familie zieht um. Oles neues Zimmer ist 3,70 m lang und 2,90 m breit.
Besprich mit einem anderen Kind die Fragen und begründe.
Findet gemeinsam weitere Fragen und Antworten.

a) Kann Ole das Bett und den großen Schrank an die kurze Seite stellen?

b) Passen Bett und Regal auf die lange Seite?

c) Wohin passen dann noch Schreibtisch und Schrank? Wohin die Kommode?

2 Ole könnte vielleicht auch das andere Kinderzimmer bekommen.
Von diesem Zimmer gibt es einen Plan und einige Notizen.
Wie würdest du dich an Oles Stelle entscheiden?
Besprich deine Entscheidung mit einem anderen Kind und begründe sie.

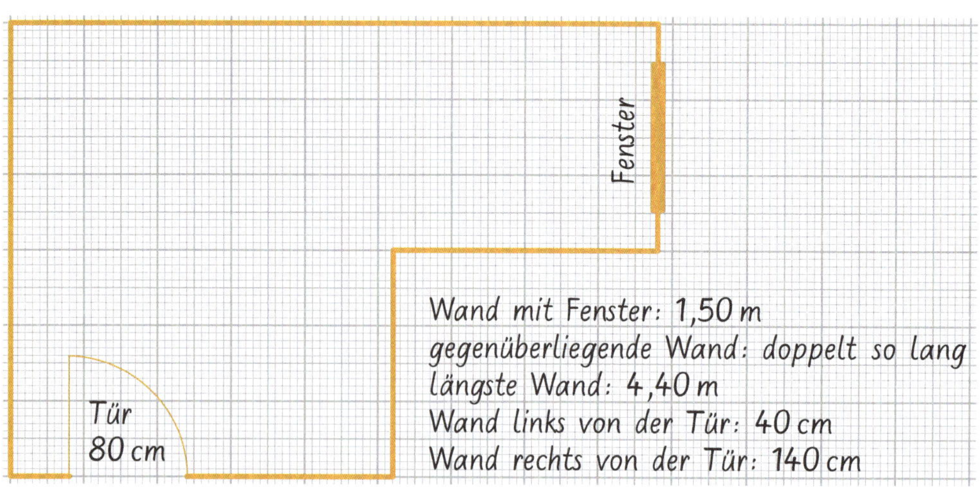

3 Miss dein Zimmer aus. Miss auch die Breite oder Länge deiner Möbel. Zeichne deine Möbel wie in Aufgabe 1 und trage die Maße ein. Überlege, wie du die Möbel einfacher zeichnen kannst.

Seite 24 Aufgabe 3
...

⋆ erkennen mathematische Beziehungen, entwickeln Lösungswege und suchen Begründungen die sie zusammen mit anderen erläutern
⋆ entwickeln und nutzen Skizzen für das Bearbeiten mathematischer Probleme

→ AH Seite 65

Eine Skizze zeichnen und auswerten

1 Hier siehst du eine Skizze des Sandkastens von Leas Schwester Inga. Die Umrandung besteht aus vier Holzbalken.

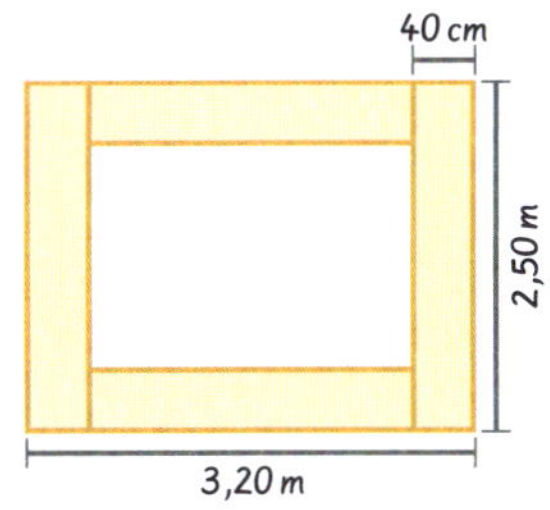

Beantworte folgende Fragen:

a) Wie lang sind die Holzbalken auf der längeren Seite?

b) Wie viel Meter Holz mit 40 cm Breite wurden für die Umrandung benötigt?

Seite 25 Aufgabe 1
a) ... b) ...

2 Herr Groß möchte die Terrasse seines Hotels neu gestalten. Sie ist 6 m lang und 5 m breit. Rundherum am Rand plant er einen 1 m breiten Streifen aus Steinplatten, um einen Grill und viele Pflanzen abzustellen. Der innere Teil soll mit quadratischen Holzplatten von 50 cm Länge und 50 cm Breite ausgelegt werden.

Wie viele Holzplatten benötigt er?

a) Zeichne eine Skizze, auf der 1 m in Wirklichkeit 1 cm entspricht.

b) Zeichne einige Holzplatten ein und beantworte die Frage.

Seite 25 Aufgabe 2
...

3

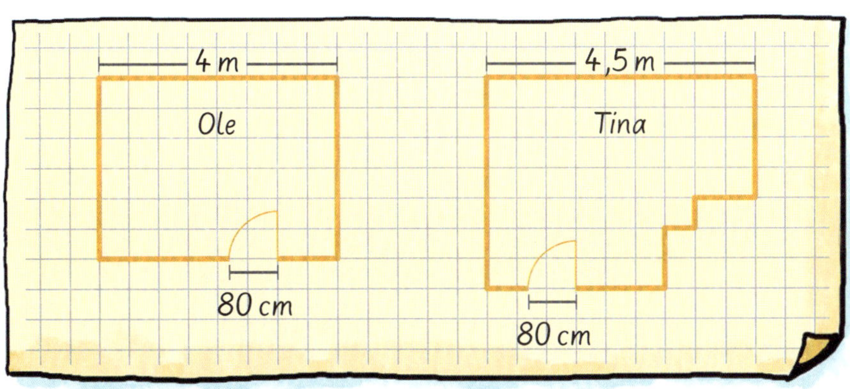

Ole und seine Schwester Tina bekommen in ihren Kinderzimmern einen neuen Teppichboden. Sie haben die Zimmer ausgemessen und Pläne gezeichnet.

Beantworte gemeinsam mit einem anderen Kind folgende Fragen:

a) Für welches Zimmer benötigt man mehr Teppichboden? Nutze die Kästchen auf dem Plan.

b) Wie viel Meter Sockelleiste benötigt man für dieses Zimmer?

c) Wie viel Meter Sockelleiste benötigt man für beide Zimmer?

Seite 25 Aufgabe 3
a) ... b) ...

⋆ beschreiben den Zusammenhang zwischen Längen in der Realität und entsprechenden Längen in Skizzen und Grundrisszeichnungen
⋆ wenden ihre mathematischen Kenntnisse, Fähigkeiten und Fertigkeiten bei der Bearbeitung herausfordernder Aufgaben an

Würfel, Quader, Kugeln, Zylinder, Kegel, Prismen, Pyramiden finden

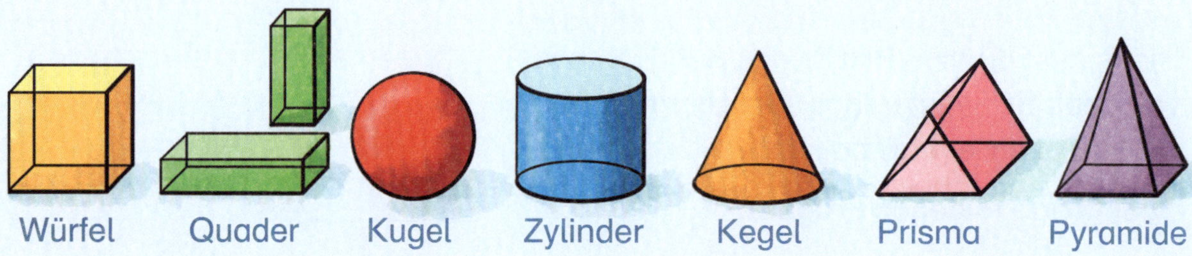

1

Ordne die Gegenstände den Körperformen Würfel, Quader, Kugel, Zylinder, Kegel, Prisma oder Pyramide zu.

Seite 26 Aufgabe 1
...

2 Körperformen in deiner Umwelt

a) Schneide aus Zeitschriften, Katalogen usw. Bilder von Gegenständen aus und klebe sie nach Körperformen geordnet auf ein Blatt. Du kannst dabei gerne auch die Körperformen mit einem farbigen Stift markieren.

b) Bringe von zu Hause leere Verpackungen mit. Schreibe immer den Namen der Körperform auf einen Aufkleber und klebe ihn auf die Verpackung.

c) Überlege und besprich mit anderen Kindern, warum man bestimmte Körperformen sehr oft und andere nur selten im Alltag findet.

3 Suche dir ein anderes Kind, mit dem du „Ich sehe was, was du nicht siehst“ spielst. Stellt euch abwechselnd Fragen. Nutzt dabei die Namen der Körperformen, zum Beispiel: „Ich sehe einen Zylinder. Er ist rot.“

* erkennen und benennen geometrische Figuren an Gegenständen aus ihrem Umfeld
* begründen Vor- und Nachteile der Eigenschaften von Körperformen bei ihrer Verwendung in Alltagsgegenständen und Bauwerken

Körperformen in Bauwerken entdecken

1

Suche dir ein anderes Kind. Besprecht zusammen jedes Foto.

a) Welche Körperformen (Quader, Zylinder ...) entdeckt ihr?

b) Welche Flächenformen (Kreis, Dreieck, Quadrat, Rechteck) entdeckt ihr?

2 Baue gemeinsam mit anderen Kindern solche kunstvollen Gebäude. Ihr könnt Pappe oder verschiedene Verpackungsmaterialien verwenden, die ihr bemalt oder mit farbigem Papier beklebt.

Ihr könnt auch Bausteine verwenden.

* erkennen und benennen Körperformen in Bauwerken und verwenden dabei Fachbegriffe zu ihrer Beschreibung
* erstellen aus unterschiedlichen Körperformen selbst Bauwerke

1 Vollmodell

Forme aus Knete, Schaumstoff oder anderen Materialien einen Würfel und einen Quader.

2 Kantenmodell

Baue mit Trinkhalmen oder Holzstäbchen und Kügelchen aus Knetmasse einen Würfel oder einen Quader.
Besprich vor dem Bauen mit einem anderen Kind, was ihr beachten müsst.

3 Flächenmodell

Baue aus Pappe das Flächenmodell eines Würfels und eines Quaders.
Überlege, bevor du baust:

a) Wie sehen die einzelnen Flächen aus, die du benötigst?

b) Wie viele davon musst du dir besorgen?

c) Wie viele Klebestreifen musst du vorbereiten?

d) Welche Gemeinsamkeiten und Unterschiede gibt es bei Würfel und Quader?

e) Kannst du auch das Flächenmodell einer Pyramide bauen?
Wenn du eines bauen möchtest, überlege dir die Punkte a), b) und c) sehr genau!

* operieren mit Körpern handelnd
* beschreiben Gemeinsamkeiten und Unterschiede von Würfeln und anderen Quadern, die keine Würfel sind

1 Wie viele Flächen, Kanten und Ecken haben die Körper? Übertrage die Tabelle in dein Heft. Fülle sie aus.

Seite 29 Aufgabe 1

Körper	Anzahl der Flächen	Kanten	Ecken	In der Umgebung zu finden als
Quader				
Würfel				
Zylinder				
Kegel				
Pyramide				
Kugel				
Prisma				

2 Ordne jedem Körper passende Flächen zu.

Seite 29 Aufgabe 2

A: 3 B: ...

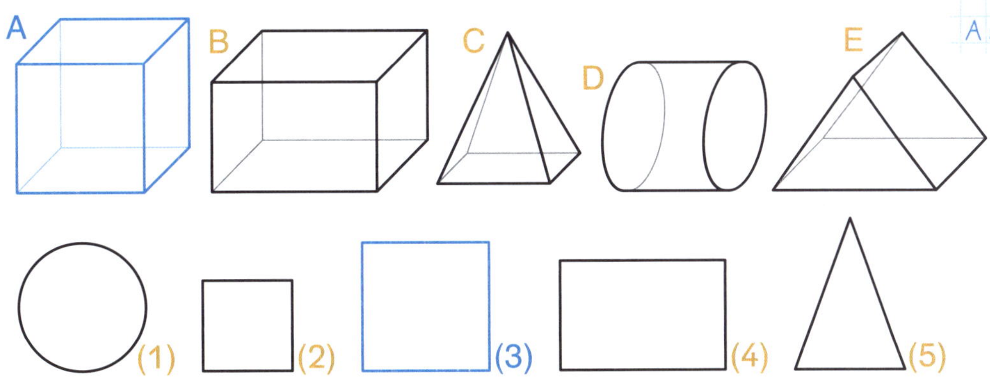

3 Stellt euch gegenseitig Rätselfragen zu den verschiedenen Körpern.

4 Schreibe die Namen der geometrischen Körper auf, die du in deiner Vorstellung mit Fachbegriffen beschreiben kannst. Notiere dann die Körper, die du nur mit Hilfe einer Abbildung beschreiben kannst.

→ AH Seite 66

⋆ verwenden Fachbegriffe wie Fläche, Kante und Ecke zur Beschreibung von Körperformen
⋆ operieren mit ebenen Figuren und Körpern in der Vorstellung

Köpernetze herstellen und erkennen

1 Zerschneide eine quaderförmige Verpackung vorsichtig so, dass beim Auseinanderklappen eine zusammenhängende Fläche entsteht.
Eine solche Fläche nennt man Körpernetz.

Weil dein Netz aus einem Quader entstanden ist, heißt es Quadernetz.
Wenn du das Netz erneut faltest und zusammenklebst, erhältst du wieder den Körper.

2 Stelle auch noch aus anderen Verpackungen auf dieselbe Weise Netze her. Beachte, dass das Netz immer aus einem Stück bestehen muss. Beschrifte dein Netz wie oben mit dem richtigen Namen (z. B. Würfelnetz). Hänge es in der Klasse auf.

3 Überlege, welche Netze einen Würfel und welche Netze einen Quader ergeben. Beschreibe die Flächen und begründe so deine Zuordnung und falte die Netze in deiner Vorstellung zu einem Körper zusammen.

Seite 30 Aufgabe 3
Würfel: 2, ...
Quader: 1, ...

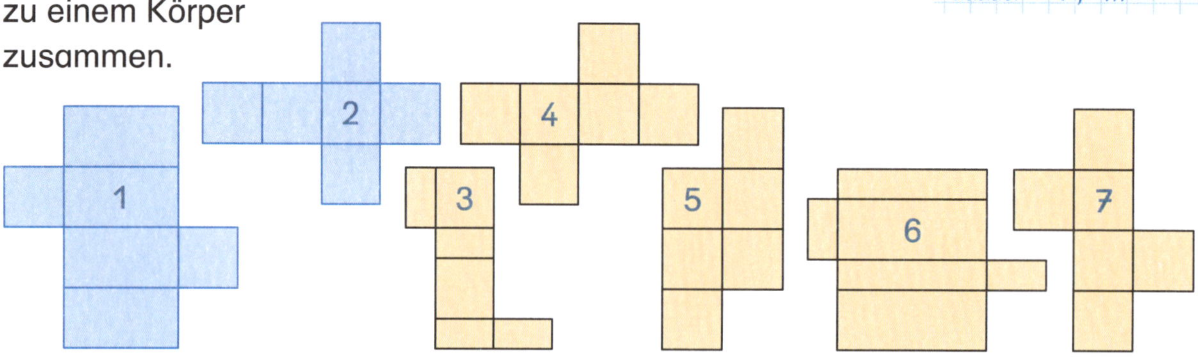

4 Welche Netze aus Aufgabe **3** sind deckungsgleich?
Überlege gemeinsam mit einem anderen Kind.

5 Du kannst dir von deiner Lehrerin oder deinem Lehrer Kopien mit Körpernetzen holen und daraus Körper bauen.

* erstellen und strukturieren verschiedene Netze von Würfeln und Netze von Quadern
* überprüfen und beschreiben begründet den Zusammenhang zwischen Netzen und Körpern

Denkaufgaben zum Spielwürfel lösen

1 Zeichne die angegebenen Flächen des oben abgebildeten Würfels mit der jeweils richtigen Augenzahl.

a) oben b) vorne c) rechts
d) links e) hinten f) unten

Seite 31 Aufgabe 1
a) b) ...

2 Kippe die Würfel in deiner Vorstellung und zeichne jeweils die Augenzahl auf, die dann oben zu sehen ist. Du kannst es auch mit einem Würfel ausprobieren oder überprüfen.

a)  einmal nach rechts
b)  einmal nach links
c)  einmal nach hinten
d)  einmal nach vorne
e)  zweimal nach rechts
f)  nach links und dann nach hinten

Seite 31 Aufgabe 2
a) ... b) ...

3 Übertrage die Würfelnetze in dein Heft und ergänze die fehlenden Augenzahlen. Beschreibe deine Vorgehensweise und das Ergebnis einem anderen Kind. Falte die Netze in deiner Vorstellung zu einem Würfel zusammen.

a) 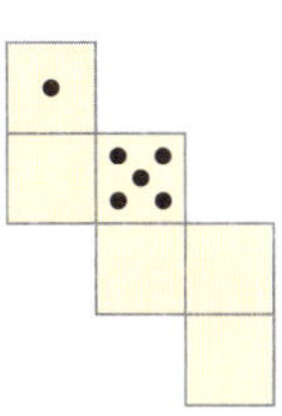
b) 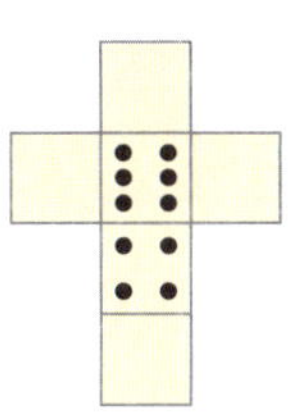
c) 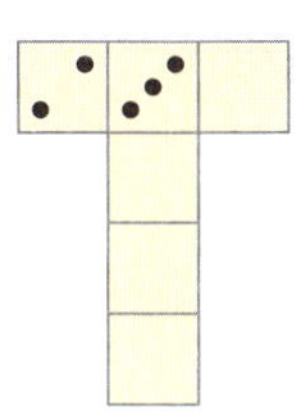

Seite 31 Aufgabe 3
a) ... b) ...

4 Bestimme, welches Netz zusammengefaltet einen Spielwürfel ergibt. Begründe deine Entscheidung.

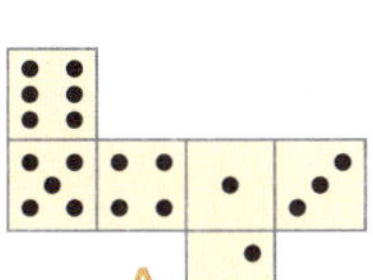
A

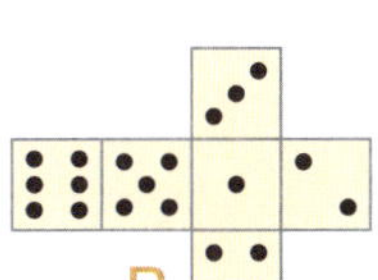
B

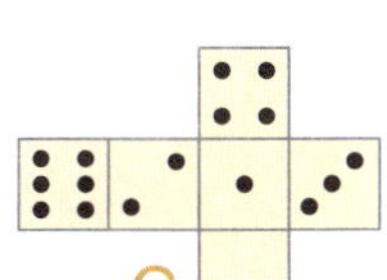
C

Seite 31 Aufgabe 4
...

1 Baue mit Steckwürfeln oder mit Holzwürfeln nach.
Die Baupläne können dir helfen.
Wie viele Würfel benötigst du jeweils?

a)

0	3	2	1
1	2	1	0

b)

3	3	3
3	3	2
3	2	1

c)

3	3	2	3
1	2	1	1

2 Baue nach folgenden Bauplänen:

a)

2	2
3	1

b)

	3	
2	2	2
	1	

c)

4	2	3
3	2	1
1	0	0

3 Immer ein Würfelgebäude und ein Plan passen zusammen. Ordne richtig zu.

a)

A

1	3
1	2

1

3	2
2	1

2

b)

B

3	2	1
3	2	0

1

3	3	2
1	0	2

2

Seite 32 Aufgabe 3
a) A, 2 b) ...

c)

2	2
2	3

C

1

2

d)

1	2	3
1	2	2
1	1	1

D

1

2

4 Zeichne selbst passende Baupläne.
Du kannst auch zuerst nachbauen.

a)

b)

c)

Seite 32 Aufgabe 4
a) ... b) ...

⋆ stellen zwischen zwei- und dreidimensionalen Darstellungen von räumlichen Gebilden Beziehungen her, indem sie nach Vorlage bauen oder einfache Baupläne erstellen

→ AH Seite 67

Anzahl der Einzelwürfel ermitteln

1 Bestimme jeweils die Anzahl der Einzelwürfel. Überlege zuerst, wie viele Einzelwürfel die Grundfläche genau bedecken.

a) A

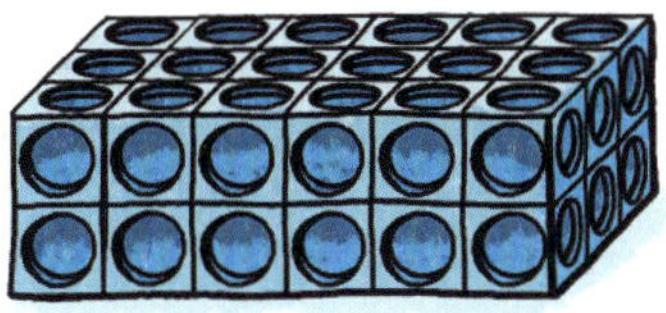

B

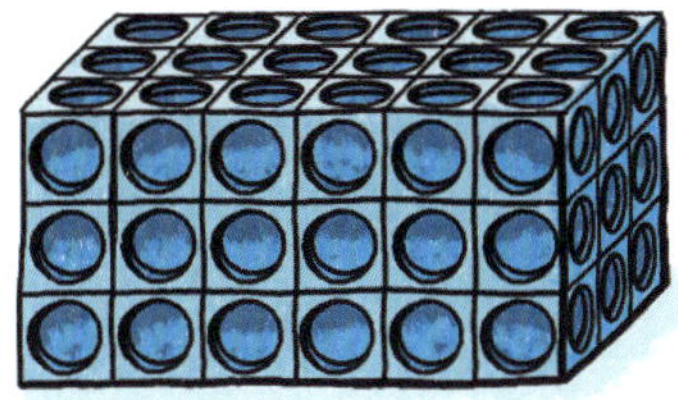

Seite 33 Aufgabe 1
a) A: 6 · 3 · 2 = ...
B: ...
b) ...

b) D

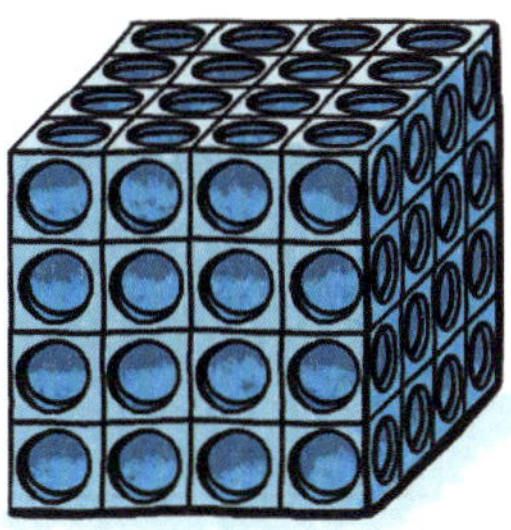

C

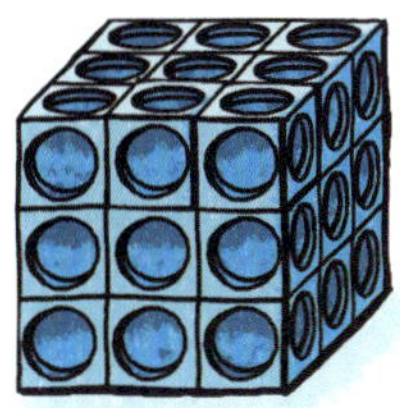

c) E

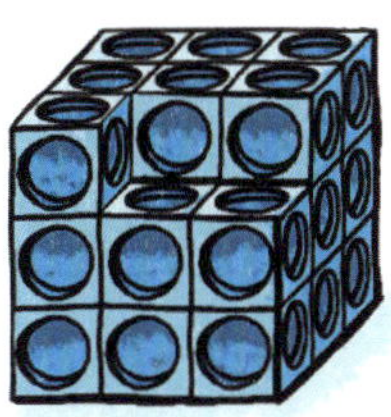

F

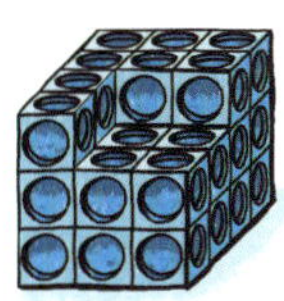

2 Bestimme gemeinsam mit einem anderen Kind, wie viele Steckwürfel fehlen …

a) … zum vollständigen Quader.

b) … zum vollständigen Würfel.

Seite 33 Aufgabe 2
a) ... b) ...

1 Bestimme mithilfe der Zeichnung …

a) … wie viele Einzelwürfel auf die Grundfläche passen.

b) … wie viele Einzelwürfel in den Würfel passen.

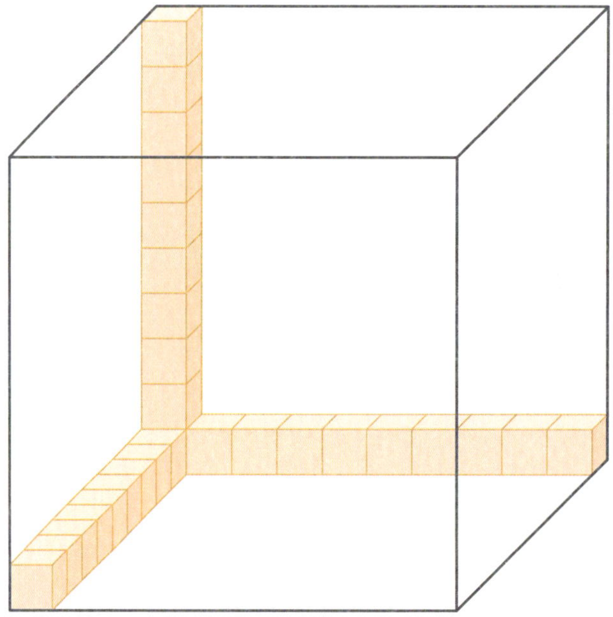

Seite 34 Aufgabe 1
a) … b) …

2 Wie viele Einzelwürfel passen in die abgebildeten Quader? Schätze zuerst. Überprüfe anschließend dein Schätzergebnis.

Seite 34 Aufgabe 2
A: … B: …

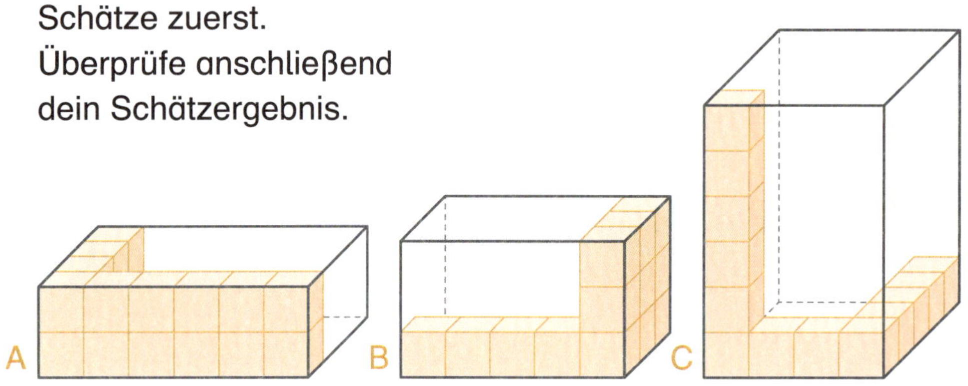

3 Bestimme, aus wie vielen Einzelwürfeln die Würfel A, B und C bestehen.

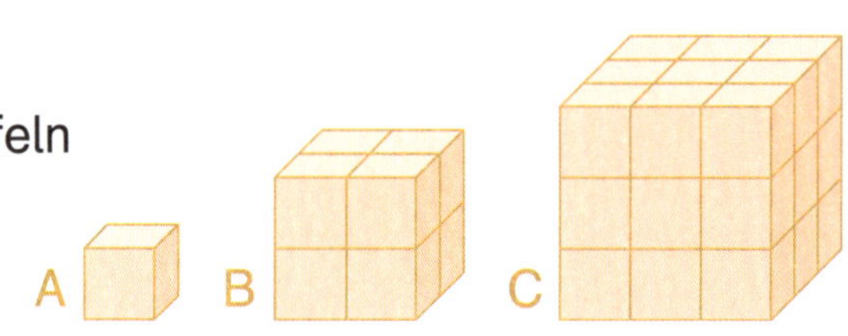

Seite 34 Aufgabe 3
A: … B: …

4 Betrachte die Würfel von Aufgabe **3**.

a) Zeichne zu jedem Würfel einen Bauplan.

Seite 34 Aufgabe 4
a) …

b) Überlege gemeinsam mit einem Partnerkind, wie die nächsten beiden Würfel D und E in dieser Reihe aussehen. Zeichnet für diese beiden Würfel auch einen Bauplan und bestimmt die Anzahl der Würfel.

c) Bestimmt, aus wie vielen Einzelwürfeln die nächsten beiden Würfel F und G bestehen.

⋆ vergleichen Rauminhalte einfacher Körper durch Auszählen von Einheitswürfeln

Verschiedene Schaubilder auswerten und vergleichen

1 In drei verschiedenen Schaubildern sind die auf Hunderter gerundeten Besucherzahlen im Hallenbad in der ersten Maiwoche dargestellt.

Säulendiagramm

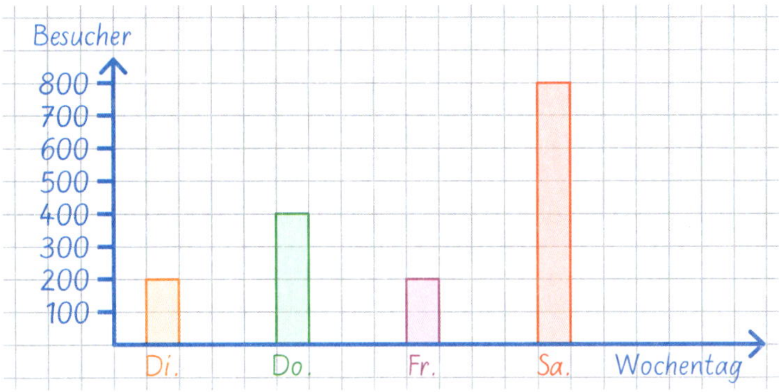

Kreisdiagramm

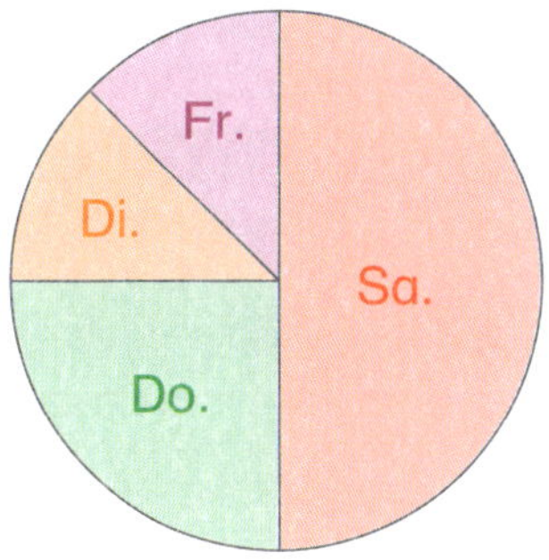

Tabelle

Wochentag	Di.	Do.	Fr.	Sa.
Besucher	200	400	200	800

Beantworte die Fragen:

a) An welchem Wochentag sind die wenigsten / die meisten Besucher im Hallenbad?

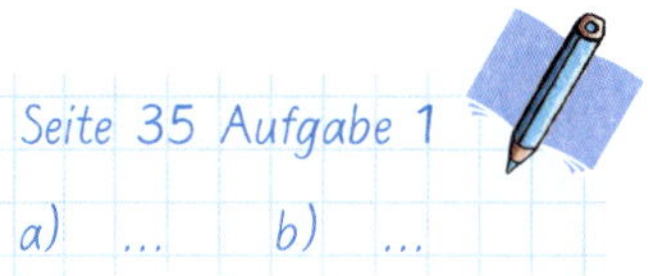

b) Wie viele Besucher sind es am Donnerstag?

c) Wie viele Besucher sind es am Samstag mehr als am Freitag?

d) An welchen Tagen sind es jeweils doppelt so viele Besucher wie an anderen Tagen?

2 Überlege, mit welchem Schaubild du die einzelnen Fragen aus Aufgabe 1 besonders leicht und schnell beantworten konntest.

a) Beschreibe die speziellen Eigenschaften und Vorzüge der verschiedenen Darstellungen und besprich deine Überlegungen mit einem anderen Kind. Formuliert verschiedene Sätze dazu.

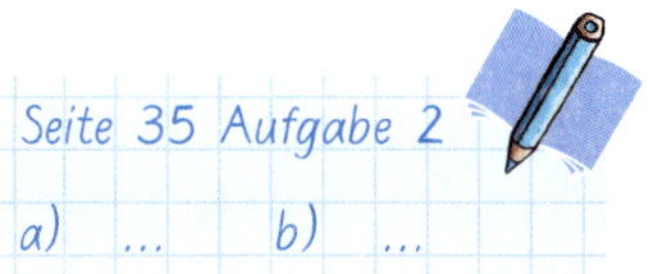

b) Findet weitere Fragen zu den Informationen der Schaubilder. Begründet, welches Schaubild am besten zur Beantwortung der jeweiligen Frage passt.

* entnehmen Diagrammen relevante Informationen und beschreiben mathematische Zusammenhänge
* vergleichen und bewerten verschiedene Darstellungen

1 In der Tabelle siehst du, wie viele Kinder in der letzten Juliwoche nachmittags auf dem Abenteuerspielplatz waren. Die Zahlen sind jeweils auf Zehner gerundet.

Wochentag	Mo.	Di.	Mi.	Do.	Fr.	Sa.	So.
Kinder	30	40	60	60	80	50	20

Das Ergebnis der Befragung kann man in verschiedenen Schaubildern darstellen. Wähle eine Darstellung aus, übertrage sie ins Heft und vervollständige sie.

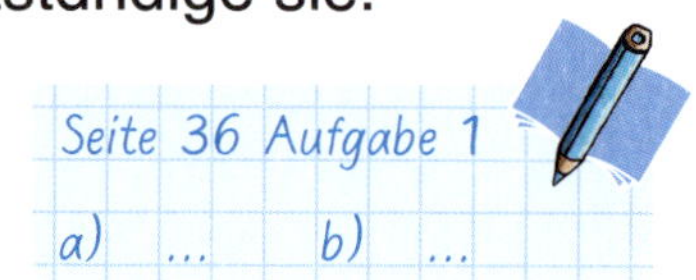

a) Säulendiagramm

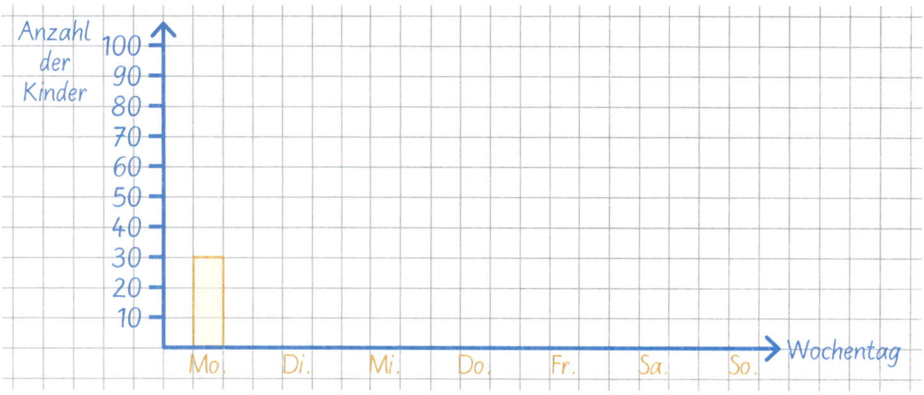

b) Balkendiagramm

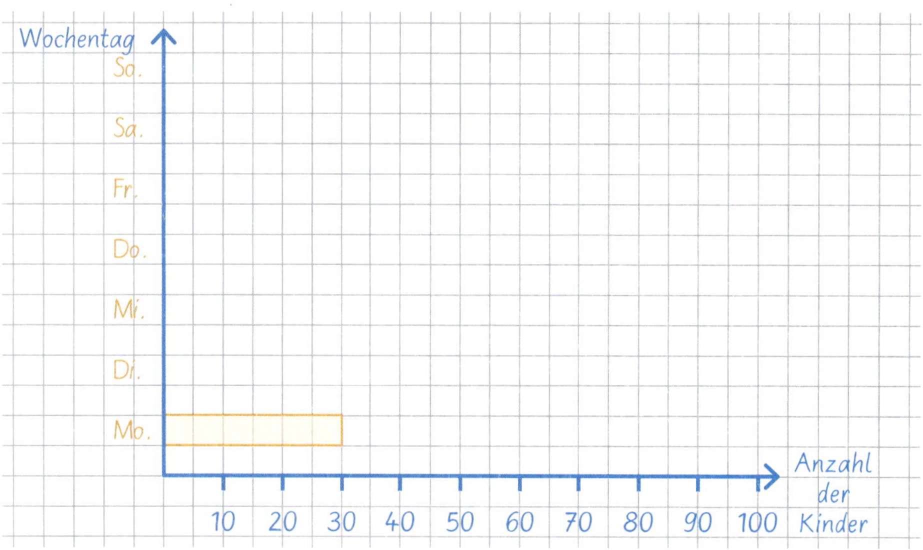

c)

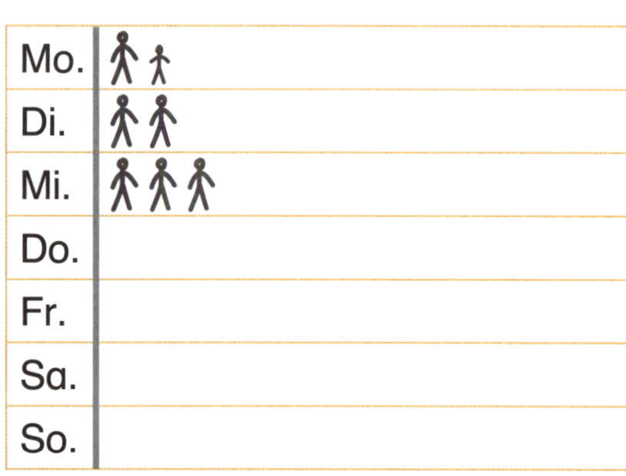

* wählen zwischen verschiedenen Darstellungen aus und nutzen diese
* übertragen eine Darstellung in eine andere

Glücksrad kennenlernen und erproben

Ein Glücksrad hat verschiedene Felder.
Es wird gedreht und bleibt irgendwann stehen.
Eine Markierung zeigt dann auf ein Feld.

1 Mit einem Fahrrad läßt sich ganz einfach ein Glücksrad herstellen. Dazu könnt ihr die Speichen des Vorderrades mit Farbpunkten bekleben.
Mit einem dicken Pappstreifen lässt sich auch eine Bremse einbauen.

Überlegt gemeinsam, wie ihr das Fahrrad aufstellt, und wie ihr die Farbpunkte und Pappstreifen anbringt.

2 Führt in der Gruppe mit dem Glücksrad jeweils mindestens 10 Versuche durch. Notiere eure Ergebnisse in einer Tabelle.

a) Beklebt die Speichen beliebig mit roten und blauen Punkten.

b) Beklebt jeweils die Hälfte der Speichen mit roten und blauen Punkten.

c) Beklebt die Speichen beliebig mit drei oder mehr Farben.

Seite 37 Aufgabe 2

a)
blau	…
rot	…

…

b)
blau	…
rot	…

…

c) …

3 Stellt eure Ergebnisse anderen Kindern vor. Überlegt gemeinsam, wie ihr mit dem Bekleben der Speichen das Ergebnis beinflussen könnt.

Die Ergebnisse von verschiedenen Glücksrädern einschätzen

1 Zeichne ein Glücksrad in dein Heft:

a) bei dem Rot eine große Chance hat zu gewinnen.

b) bei dem Rot und Blau etwa gleich große Chancen haben zu gewinnen.

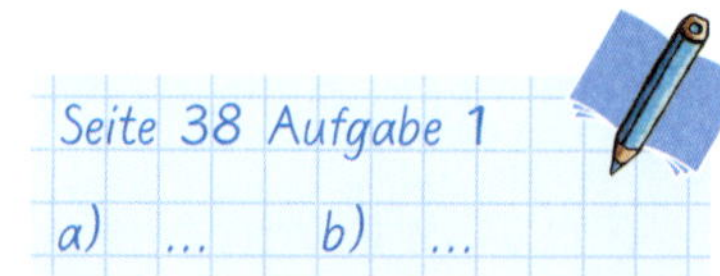

2 Ergänze die Aussage passend zum möglichen Ergebnis des Glücksrades.

- … ist möglich, aber nicht sicher.
- … ist unmöglich.
- … ist sicher.

a)
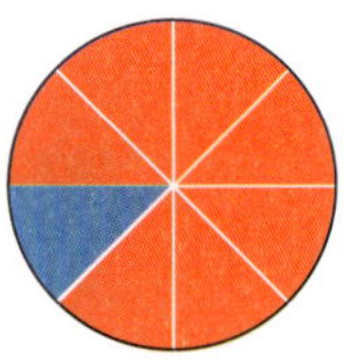
Dass Rot gewinnt, …

b)
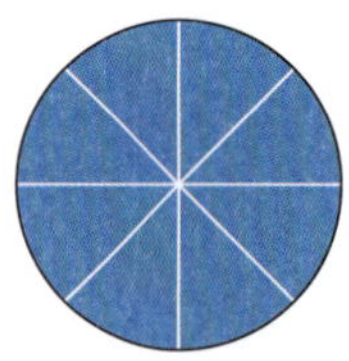
Dass Blau gewinnt, …

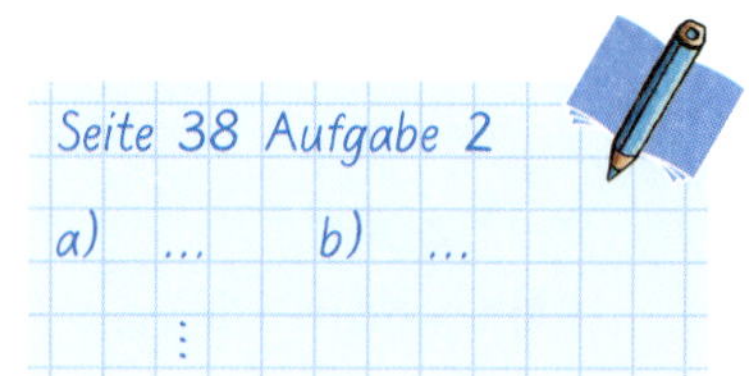

c)
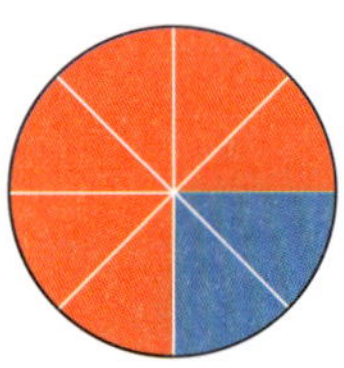
Dass Rot gewinnt, …

d)
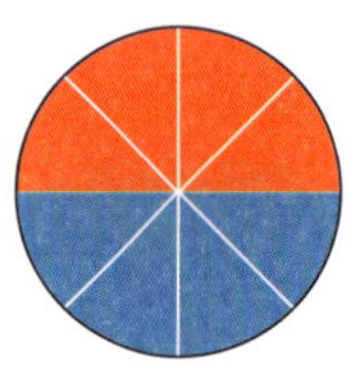
Dass Blau gewinnt, …

3 Formuliere eine Aussage passend zum möglichen Ergebnis der Glücksräder.

- Die Chance, … ist größer als die Chance, …
- Die Chance, … ist kleiner als die Chance, …
- Die Chance, … ist gleich groß wie die Chance, …

a)
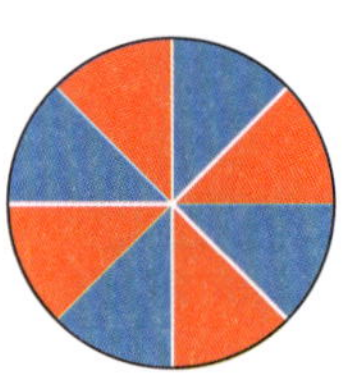
…, dass Rot gewinnt

b)
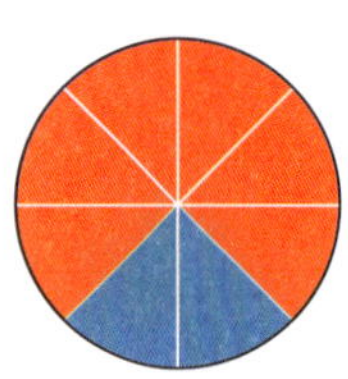
…, dass Rot gewinnt

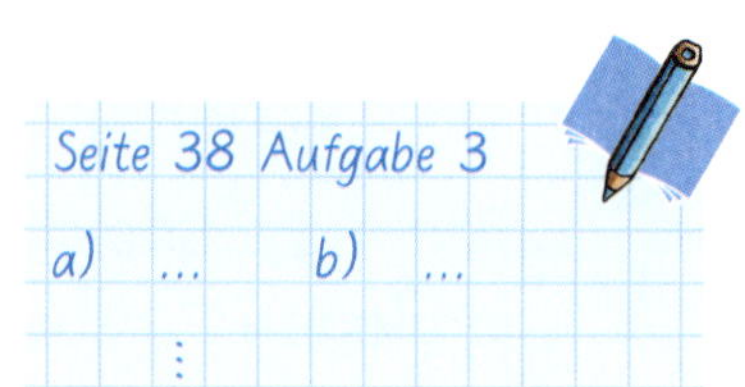

c)
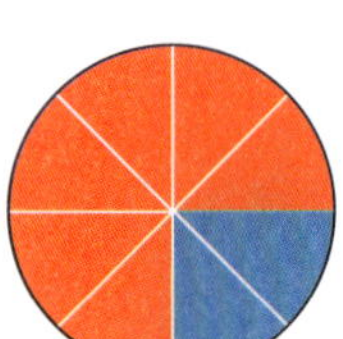
…, dass Blau gewinnt

d)
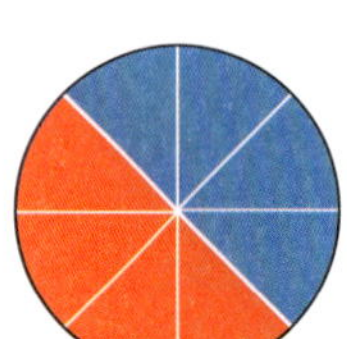
…, dass Blau gewinnt

e) Besprich deine Ergebnisse mit anderen Kindern.

⋆ schätzen zu einfachen Zufallsexperimenten Gewinnchancen ein

→ AH Seite 68

Die Gewinnchancen von Losen bewerten

1 In einem Säckchen sind drei Lose mit einem Gewinn (G) und ein Los mit einer Niete (N). Entscheide, ob deine Lose so aussehen können, wenn du mit geschlossenen Augen drei Lose herausholen darfst.

Seite 39 Aufgabe 1
...

A: Alle Lose sind ein Gewinn.

B: Ein Los ist eine Niete, zwei Lose sind ein Gewinn.

C: Alle Lose sind Nieten.

D: Ein Los ist ein Gewinn, zwei Lose sind Nieten.

2 Hier gibt es noch weitere Säckchen mit Losen.
Es sind Lose mit einem Gewinn (G) und Lose mit einer Niete (N).

A

B

C

a) Bei welchem Säckchen ist die Wahrscheinlichkeit am größten, ein Los mit einem Gewinn zu ziehen?

Seite 39 Aufgabe 2
a) ... b) ...

b) Bei welchem Säckchen ist die Wahrscheinlichkeit am kleinsten, ein Los mit einem Gewinn zu ziehen?

c) Gestalte selbst ein Säckchen, bei dem die Wahrscheinlichkeit, ein Los mit einem Gewinn oder ein Los mit einer Niete zu ziehen, gleich groß ist.

d) Gestalte selbst ein Säckchen, bei dem es sicher ist, einen Gewinn zu ziehen.

3 Schreibe auf, bei welchem Losstand du Lose kaufen würdest. Begründe deine Entscheidung. Tausche dich mit anderen Kindern aus.

Seite 39 Aufgabe 3
... Begründung: ...

Losstand	Nieten	Lose insgesamt
A	40	80
B	50	80
C	50	70

1 Übertrage die Skizzen in dein Heft. Beachte die Größen.
Lies zuerst alle Aussagen und finde die passende Lösung.

Finde heraus, wer von den Mädchen Lisa, Lena, Maja und Sofie ist. Schreibe die Namen dazu.

1. Lisa ist größer als Lena.
2. Maja ist die kleinste.
3. Lena ist größer als Sofie.

2 Finde heraus, wie die Uhren aussehen. Übertrage die Uhren ins Heft und male sie in den passenden Farben an.

- Die Uhr rechts und die Uhr links haben einen Rand in der gleichen Farbe.
- Eine Uhr hat braune Zeiger.
- Die Uhr mit den roten Zeigern ist am weitesten entfernt von der Uhr mit dem blauen Ziffernblatt.
- Es gibt eine Uhr mit schwarzem Rand und weißen Zeigern.
- Die Uhr mit dem gelben Rand ist links neben der Uhr mit dem blauen Zifferblatt.
- Die Uhr mit rotem Zifferblatt hat gelbe Zeiger.
- Die Uhr mit dem braunen Rand ist ganz rechts.
- Die Uhr mit dem grünen Zifferblatt ist zwischen den Uhren mit dem roten und gelben Zifferblatt.
- Die Uhr mit dem roten Zifferblatt ist links neben der Uhr mit dem braunen Rand.

* wenden ihre mathematischen Kenntnisse, Fähigkeiten und Fertigkeiten bei der Bearbeitung herausfordernder Aufgaben an